语言文学跨学科研究丛书

教育部人文社会科学研究规划基金项目"近代科技日语新词创制与汉语借用研究"
（批准号：17YJA740020）成果

近代科学技術における

日本語の新語創造と

中国語の借用についての研究

近代科技日语新词创制与汉语借用研究

李　红 —— 著

中国科学技术大学出版社

内容简介

本书主体内容包含六个部分:汉日语言的历史依存关系、日本江户时期对科技汉语词汇的借用、日本明治维新后近代科技日语的汉语造词、近代科技日语词汇的"汉语型化"表现及特点、科技日语词汇体系受容机理分析、科技汉语词汇对近代日语系统的贡献及影响等。通过上述研究内容,旨在探讨"汉语借用"对近代科技日语的造词作用与影响、"汉语型化"的日语造词方式和规律、近代科技日语大量借用汉语的语言受容机理等问题,这对揭示近代日语系统的发展实态,研究汉语输出与建构近代日语词汇的关系、汉语对近代以来新兴科技领域的特殊贡献及影响力等具有重要价值。

本书的读者对象为高校教师、学生及其他从事日语语言学习和日汉语言比较研究的人员等。

图书在版编目(CIP)数据

近代科技日语新词创制与汉语借用研究/李红著. —合肥:中国科学技术大学出版社,2021.6

ISBN 978-7-312-05095-4

Ⅰ.近… Ⅱ.李… Ⅲ.①科学技术—日语—新词语—研究 ②科学技术—日语—借用—研究 Ⅳ.G301

中国版本图书馆 CIP 数据核字(2021)第 229508 号

近代科技日语新词创制与汉语借用研究

JINDAI KEJI RIYU XINCI CHUANGZHI YU HANYU JIEYONG YANJIU

出版	中国科学技术大学出版社
	安徽省合肥市金寨路96号,230026
	http://press.ustc.edu.cn
	https://zgkxjsdxcbs.tmall.com
印刷	安徽国文彩印有限公司
发行	中国科学技术大学出版社
经销	全国新华书店
开本	710 mm×1000 mm 1/16
印张	10.25
字数	234千
版次	2021年6月第1版
印次	2021年6月第1次印刷
定价	55.00元

序

美国语言学家萨丕尔曾说:"多少世纪以来,汉语充斥在朝鲜语、日语和越南语的词汇中,可是反过来,汉语并没有吸收过什么。"这段写于20世纪初叶的话,只说对了一半,至少在1921年显然已经时过境迁。因为进入20世纪以后,日语新词——其中一部分被称为"和制汉语",开始在东亚汉字文化圈中"泛滥"了。关于近代以降的中日词汇交流,这些年不断有新的研究问世,李红博士的新著《近代科技日语新词创制与汉语借用研究》就是其中之一。我有幸先睹书稿,收获良多。本书分为六章,第一至四章论述了历史上汉语与日语的交流关系,极为仔细地梳理了日语在汉文及汉字的接受、江户时代的兰学翻译乃至进入明治时期以后科技术语创建方面的历史轨迹。汉文是江户、明治时期日语主要的书写语言,甚至可以说是唯一的形式,其中所使用的汉字词在接受和表述外域新知识上,是不可或缺的语言资源。在漫长的历史过程中,汉文、汉字的接受上既有被动的"变容",即以讹传讹的误用,也有积极主动的消化和创新。本书对这两方面都有要而不繁的描述,尤其对新词创制的"汉语型化"表达方式及其特点进行了整理。第五、六章围绕近代日语科技词汇体系确立的问题,探讨了词汇体系的平衡态、受容机制、变迁过程以及科技汉语词汇对词汇体系整体的贡献度和影响力等。日本知识界对汉字词汇的创造性使用,奠定了东亚今天抽象词汇共享的基础。如果说中日之间以西学东渐为契机的语言接触、词汇交流是一个"你中有我,我中有你"的现象,李红博士的新著则清晰地梳理了中日之间这段纠缠的历史。日本新造了哪些词,其在东亚的扩散状况如何?从源头上对当时日本科技术语情况的精准把握,是进一步研究东亚汉字文化圈其他语言的科技词汇形成的基础。

李红博士任职于南京农业大学,或是学术环境使然,本书的内容聚焦于科技词语,尤其对农业术语有专章讨论。罗振玉曾在上海开办东文学堂,刊行《农学报》,王国维等在《农学报》上多次刊载译文,努力介绍日本的农业。这段历史无论是在学科建构方面还是农业术语的形成方面，都还有挖掘的广阔空间。进入20世纪，留学潮起，最受青睐的是政法及军事，接下来是所谓的"普通学"。科技日语对汉语的影响程度是必须廓清的课题。

我认为任何一种语言的词汇都可大致分为"生活词汇""学习词汇"和"休闲词汇"三大部分：生活词汇是保证生命延续所必需的词汇；学习词汇是获得谋生手段所需要的词汇，在现代社会是学校教育的主要内容；休闲词汇类似于琴棋书画，是丰富人生的要素。生活词汇和休闲词汇都极具语言特色，而学习词汇，概念上以国际性和现代性为特征，在形式上要求说得出、听得懂——这也是笔者所定义的"言文一致"的具体含义。日本的言文一致进程是在明治二十年代科技术语初步完成之后启动的，与日本留洋学生回国登上大学讲坛等社会动态密切相关。二三十年之后，中国、韩国、越南也走了相同的道路，故了解日本的得失极有必要。李红博士的新著正是为我们提供了可资借鉴的参照物。

数年前，李红博士在大阪大学（原大阪外国语大学）访学时，曾前往关西大学图书馆查阅、收集资料，有一个学期几乎每周都参加了我的讨论课。课上李红数次就自己的研究课题和阶段性成果发表心得，对其他同学们多有启发。

在西学东渐及其后的现代化潮流的侵蚀洗刷之下，包括汉语在内的东亚诸语言都发生了深刻的变化。语言之为现代的关键在于科学叙事的成立，对此，本书以科技词语为对象，提供了新的视角和素材。诚如李红博士所言，研究还有待于深化。相信她将继续其探索之路。

聊作数语，以为引介。

沈国威

2021年5月

前　言

　　近代日语是指日本明治政府成立后,为适应日本近代化建设逐步建立的以东京中流社会普遍使用的词汇、语法、语音、声调为标准的语言体系。近代化建设以近代先进的科技知识为先导,知识的描述、表现与传递首先要从使用近代词汇开始。近代日语的起源可追溯到江户幕府(1603~1867)末年至明治(1868~1912)初年日本学者利用汉语翻译西方文化知识的汉语词汇。日本著名学者杉本つとむ认为,"所谓(近代)词汇,是讲述生活的基本手段,同时也是新思潮的表现,是理解近代日本的精神轨迹、行动实态的有力构造之一";沈国威先生也认为,"近代新词,尤其是其中的抽象词汇部分是西方文明的承载体和传播者,有时甚至被视作西方文明的本身"。可见,近代日语词汇的产生、发展与确立是在日本近代化建设的现实需求下应运而生的。新概念、新知识在日本"文明开化""脱亚入欧"的大旗下如潮水般蜂拥而来,认识、介绍并命名它们是近代日语词汇体系建构的基础。但是,在翻译过程中,翻译家们遇到了前所未有的困难,他们发现使用日本原有的语言——"和语"根本无法完成这一艰巨工作,必须使用汉语来解决这一难题。

　　正是通过对以上问题的思考,笔者注意到国内学者对于有关汉语对近代科技日语的影响的研究尚显不足,即使有所涉及,也往往如蜻蜓点水,不够深入。如今再回首那段历史,我们会发现:明治变革时期,面对大量西方词汇的涌入,尤其是专业性很强的学科术语,日本学者并没有采用传统语言"和语"(即"假名")进行翻译,而是千方百计地利用汉语翻译西语,从而构成"日语新译词"。受此影响,日本甚至出现了空前的汉语大流行现象。这种现象深入庶民生活和全民教育活动中,其范围之广、规模之大完全有别于平安时代(794~1192)仅在僧侣和贵族间流传的汉字学习现象。日本学者也认为,"对于明治时期的翻译者来说,如果不曾有过汉语学习训练、不具备自由操控汉语的能力,他们所从事的翻译大事业是无论如何都无法实现的"。可见,在近代日语体系创建之初,汉语就以"原始合伙人"的身份参与其中,共同组建、构成了新的词汇系统。时至今日,这些词汇中的绝大多数仍活跃在日语中,被高频率地使用。因此,重新审视日汉语之间的依存关系,对全面而理智地看待东亚地区的词汇环流现象以及语言的近代化建设,尤其是关乎近代学科构建的科技术语体系的发生、发展与确立问题,将起到一定的参考作用。

基于上述论述,本书主体部分从以下六方面逐步展开:

第一,汉日语言的历史依存关系。在漫长的历史过程中,"和语"在很大程度上形成了对汉语的依存关系,这决定了现有日语系统的特点与选择。日本本土的文字——假名,分为平假名与片假名两种,实际上是分别借用汉字的草体与偏旁转化而来的,故称"和字",即"和制汉字"的意思。"假名诞生之前(日本人)只用汉字书写日文。所以,长久以来汉字是书写日文的文字。随着时间的流逝,日语许多方面发生了变化,而'使用汉字书写日文'的事实却从未改变。就'书写'方面来看,汉字与日语的关系已亲密无间、无法分开。"基于此,以一字一音节的方式主管表音的"和字"系统,与主管书写表意的汉字系统各司其职,不断磨合演变,至19世纪中叶已共同构筑起传统的日语词汇系统。明治时期,当"和语"无法满足科技领域的实际需求时,早已进入系统内的汉语凭着近水楼台的优势,首先具备了被优先选择的可能性。

第二,日本江户时期以来对科技汉语词汇的借用。中国明清时期对新词汇的翻译成果使日本站在了巨人的肩膀上,在享用来华传教士马礼逊、罗培德以及中国学者们的草创成果时,他们也顺便承袭了汉语的表记方式。这其中,最典型的莫过于明代学者方以智所著的《物理小识》。日本著名语言学家杉本つとむ在其著作《近代日本语的成立与发展》中指出,兰学所使用的译词,如"宇宙""文理""真理""矛盾""石油""望远镜""体质""发育"等词语,在《物理小识》中均有记载,经他随意截取的与近代日语有关的词语竟多达271条。现在已有确切证据证明当时的日本学者对此书进行了参考与借鉴。如研究日本物产学的自然科学家平贺源内在其著作《物类品隲》(1763)中,就某一词语展开讨论时直接标示出"物理小识曰"。再如杉田玄白是日本最早、最完整的西洋医学译著《解体新书》(1774)的主要作者,1826年,他的得意门生、著名兰学家大槻玄沢补译并修订《重订解体新书》,在该书"翻译新定名义解"中明确指出在翻译和译语的选择上参看了《物理小识》。这表明使用汉语表记科技词汇已有先例,且是可行的。

第三,近代科技日语的汉语造词。从历史演变结果来看,"和语"对汉语的依存关系决定了现有日语系统的特点与选择；从语言使用的现实性、工具性来看，"和语"具体、简单的特性需借用汉语的复杂、广义等优势来补足；从词汇系统内部结构来看，"和语"多叙事性、描述性等通过视觉器官感知的基本词汇需借用富有概括性和抽象性且能一般地描述科学思想与理论逻辑的汉语词汇来完成；从科技词汇的表记方式来看，中国明清时期对新词汇的翻译成果使日本顺便承袭了汉语的表记方式等。因此，明治维新后"汉语型化"的造词方式获得认同并被快速推进，以最能提供证据的字典辞书为例，明治二年(1869)《萨摩辞书》，汉语占21.5%；明治六年(1873)《附音插图 英和字义初版》，汉语占31.4%；明治十五年(1882)《增补订正英和字义》(第二版)，汉语占36.2%；明治二十一年(1888)《附音插图 和译英字义》，汉语占55.9%。

第四，近代科技汉语词汇的"汉语型化"表现及特点。"汉语型化"主要体现在语音、语义、语法形式的型化表现，包括语音的替代、音节的增删、词义的变化、词义色彩意义的变化、词语结构的改变、词语形态的变化等内容。汉语新构词法的特点主要包括对传统构词法的反省与借鉴、"……化、性、率、作用、问题、感、式"等词尾结构的创新、"动词+中"的进行时创新等内容。

第五，科技汉语词汇体系受容机理分析。一般来说，体系的开放性、远离平衡态与体系内要素结构的非线性作用是决定系统自主协调发展的关键。语言系统也不外乎这三个要素的共同作用。近代日语科技词汇体系的开放性主要表现在外来词汇的引进、生成与转化，具体包括新词的补位、筛选、调整和定型，即从简单输入到建立强制性范式；非平衡性主要表现为词汇符号的缺位、词汇意义与形式的偏离，以及创制过程中的部分羡余等；非线性作用是科技新词的语素、词汇、词汇层之间相互联系、相互作用的关系。具体而言，传统科技词汇与日本近代化建设的外部要求错位是非常突出的，它是新词受容于近代日语的原动力，错位越大力量越强。这种动力进入词汇系统后，在语素、词汇、词汇层之间采取补位、过滤的方式，经过筛选、沉淀、吸收，最后呈现出相对稳定、平衡的发展态势。科技词汇体系的演变进化就是在"不平衡—平衡"的路径中不断前进的，从而实现了日语系统的稳定与持久。

第六，科技汉语词汇对近代日语系统的贡献及影响。科技汉语词汇是日本近代社会生产实践和学科知识传播与发展的重要表现载体，它的出现、传播与定型对近代以来的日本，甚至广大汉字文化圈的变革与演进、固型与发展，都起到了无法替代的划时代作用，这种作用至今仍绵延不衰。其影响主要表现在三个方面：一是词汇的受容，包括词汇量的急剧扩展、词汇的复音化、词义系统的极大丰富、构词法变化显著等方面；二是语音、语法的受容，包括语音的音读变化、语法的适当改造等；三是对近代科技日语系统的构筑，包括书写符号的多元化、语言表述的规范化、语言扩散的快速化等。

本书研究的创新之处在于：第一，试图通过解析科技汉语词汇创制的重大转型问题，重新定义汉语对科技发展尤其是近代以来新兴科技领域的特殊贡献及影响力。第二，探讨"汉语型化"的日语造词方式与规律，通过考查语音形式、描述概念性意义、可组合使用的语言材料等基本要素，勾勒出汉语富有抽象性与概念性的优质造词优势以及汉字的高结合度、旺盛的产殖性等独特功能。第三，从科技词汇的构建角度审视东亚地区的词汇环流现象以及语言的近代化建设问题，拓宽了汉语型化模式和应用价值的研究视角，在一定程度上为丰富近代中日语义交流和海外汉学研究工作的开展积累了经验并奠定了基础。

当然，科技日语新词的创制内容不仅包含语言形式的具体案例，也涉及文化认同度等"语言文化通景"式研究。受研究材料、研究视角和研究方法等因素的限制，本书在明确汉语词汇的最终贡献度、梳理廓清"汉语型化"造词制约要素、对日语系统选择性适应功能的阐释等方面尚不够深入，有待今后进一步地探索和研究。加之作者个人学术水平有限，书稿内容不完善之处，敬请专家学者和读者批评指正。

作　者

2020 年 6 月

目　　录

序 ·· (i)

前言 ·· (iii)

第一章　日语书写系统对汉语的历史依存关系 ··································· (1)

  第一节　汉字、汉文的传入 ··· (2)

  第二节　汉语对日语语音的影响 ·· (8)

  第三节　对和语的影响——万叶假名的产生与发展 ··················· (10)

  第四节　对和语的影响——平、片假名与国字的产生与发展 ······· (17)

  第五节　现代日语主流表记体的演变与确立 ····························· (25)

  第六节　日语书写系统对汉语的历史依存关系分析 ··················· (30)

第二章　江户时代以来日语对科技汉语词汇的借用 ····························· (33)

  第一节　明清之际西方传教士的科技翻译成果 ························· (34)

  第二节　明清时期西学汉译书籍的科技词汇 ····························· (43)

  第三节　西学东传日本 ·· (45)

  第四节　西学汉籍传入日本 ·· (49)

  第五节　日语对科技汉语词汇的借用 ······································ (51)

第三章　近代科技日语的汉语造词 ·· (67)

  第一节　日本科技语言中的汉语词 ·· (68)

  第二节　医学汉语词 ··· (72)

  第三节　农科汉语词 ··· (75)

  第四节　近代科技日语中的汉语造词方法 ································ (77)

第五节　科技汉语词汇的术语集合 ································(87)

第四章　近代科技汉语词汇的"汉语型化"表现及特点 ········(107)

　　第一节　近代科技汉语词汇的"汉语型化"现象 ················(108)
　　第二节　"汉语型化"相关理据分析 ·····························(111)
　　第三节　"汉语型化"特点及实质分析 ·························(114)

第五章　科技汉语词汇体系受容机理分析 ························(118)

　　第一节　系统论 ··(119)
　　第二节　近代科技汉语词汇体系的确立 ·························(121)
　　第三节　近代科技汉语词汇体系的演变路径 ···················(127)

第六章　科技汉语词汇对近代科技日语系统的贡献及影响 ····(130)

　　第一节　科技汉语词汇对近代科技汉语词汇体系的贡献 ····(130)
　　第二节　科技汉语词汇对近代科技日语系统的构筑 ··········(138)
　　第三节　结论 ···(143)

参考文献 ··(145)

后记 ···(150)

第一章　日语书写系统对汉语的历史依存关系

从历史演变来看,日本本土语言——"和语"在漫长的历史发展过程中逐渐形成了对汉语的依存关系,这决定了现有日语语言系统的特点与选择。历史上,日汉语言交流密切频繁、源远流长。据《日本書紀》《古事記》《続日本紀》等资料记载,公元5世纪左右,汉语传入日本;8世纪末,汉语逐渐演变成日本官方的书面表达语言。

在汉字传入日本列岛之前,日本无文字表记,仅有口头语言——和语(日文称"大和言葉")。在吸收接纳汉字后,日本大致经历了直接使用汉文、按日语语序书写汉文(变体汉文)、依靠表音汉字书写(万叶假名)、简化汉字创造假名、和汉混和表记等阶段。这些书写阶段的达成无一不依存于汉字、汉文。"假名诞生之前,(日本人)只用汉字书写日文。所以,长久以来汉字是书写日文的文字。随着时间的流逝,日语许多方面发生了变化,而'使用汉字书写日文'的事实却从未改变。就'书写'方面来看,汉字与日语的关系已亲密无间、无法分开。"[①]

"书写系统"(Writing System)一词常出现在计算机科学领域中,对于该词统一码(Unicode)做了如下定义:用一种或多种文字去书写特定语言的一系列规则,例如美国英语书写系统、英国英语书写系统、法语书写系统及日语书写系统。[②]在日文维基百科的"文字"词条中,对书写系统的定义如下:"书写系统指包含某种文字体系以及正字法、句读法、字体、文字、语句的选择基准等的各种语言习惯在内的文

---

① 今野真二.日本語の近代:はずされた漢語[M].東京:ちくま新書,2014:8.
② Unicode.Glossary of Unicode Terms：Writing System[DB/OL].(2017-08-19)[2018-08-15]. http://www.unicode.org/glossary/.

字使用的一种体系,又作'表记体系''文字体系''書記系''書字系''書字システム'等。"①综合上述定义,书写系统除文字体系外,还包括上述所说的文字使用规则。对于日语书写系统这一概念,中文维基百科对此作了如下定义:"日语书写系统是指为了用文字来记载日语文章等的系统方法。现代日语书写系统由以下文字构成:起源于中国形意文字的汉字,多用在文字的语干上;表音文字(音节文字)的平假名(文法型式上也常用)与片假名(主要用于外来语)以及称作罗马字的拉丁字母。这些文字体系各自有特定的功能,在日常生活中被交互使用着。"

构成现代日语书写系统的几种文字中,只有罗马字与汉语无关,其他三种文字都与汉语、汉字存在一定的渊源关系:日本所使用的汉字大多数是对早年传入日本的中国汉字的继承或原封不动的使用,也有少量为满足日语表达需要而由日本人自创的和制汉字——"国字";表音文字的平假名与片假名分别由汉字(万叶假名)的草体和楷体演变而来。从日语的文字使用体系来说,现代日语的基本表记形式是汉字、平假名混写的"和汉混合表记体(漢字仮名交じり)",这一表记体系也与汉语存在着深厚的历史依存关系。

综合上述对书写系统及日语书写系统概念的界定,在本书中,笔者采取"日语书写系统"这一提法,并主要把日语书写系统中的文字体系、表记方式作为研究对象,从汉字、汉文传入日本列岛开始,对日语书写系统与汉语之间存在的历史依存关系进行梳理与论述。

第一节　汉字、汉文的传入

一、关于神代文字

在汉字传入以前,未见日本有使用文字的资料证明。平安时代(794~1192)成书的《古语拾遗》记载,"盖闻上古之世、未有文字、贵贱老少、口々相傳、前言往行、存而不忘、書契以来不好談古"②。我国正史《隋书》也记载日本"无文字,唯刻木结绳。敬佛法,于百济求得佛经,始有文字"③。可见在汉字传入日本列岛之前,日本并无固有文字。

---

① ウィキペディア.文字[DB/OL].[2018-06-19].https://ja.wikipedia.org/wiki/.
② 国立国会図書館デジタルコレクション.古語拾遺[DB/OL].[2018-10-25]. http:// dl.ndl.go.jp/ info：ndljp/pid/2541610.
③ 魏征,令狐德棻.隋书[M].北京:中华书局,1973:1827.

然而,从镰仓时代(1185~1333)开始,陆续有日本学者主张日本从神话时代开始就有固有文字"神代文字"。最早提出这一观点的学者被认为是镰仓时代中期的卜部兼方(生卒年不详),他是为《日本書紀》作注的一名神官。在其著作《釈日本紀》中,卜部兼方提出"汉字是應神天皇时代传入的,假名是由神代文字演变而来的,理由是旧时龟卜上有刻辞,这种刻辞或许是神代所为"。在他之后,南北朝时代(1336~1392)的忌部正通(生卒年不详)在其所著《神代口訣》的序中提出,"神代文字象形也。應神天皇御宇異域典経始來朝以降至、推古天皇聖徳太子以漢字附和字"[①]。其后,江户(1600~1867)至昭和(1926~1989)年间,也有一些日本学者支持"神代文字"存在的观点,只是这一观点在学术上有诸多矛盾之处,并不能从客观上判定日本在汉字传入之前已经创造了固有文字[②]。其代表人物有江户末期的平田篤胤(1776~1843,著《神字日文伝》),以及二战时期的某些学者。目前学术界普遍认为"神代文字"是不存在的。而对于以上主张其存在的日本学者,他们的动机可能是希望以此抬高日本的地位及所谓"神格"。近代以前的相关学者为颂扬日本为"神之国"而强调"神代文字"古已有之,二战时期的相关学者多数为狂热的军国主义分子,他们希望在发动战争的同时能够从文化角度展示"神国"日本优秀的证据,强调本国文化的优越性。

对于该问题的探讨,日本国语学家築島裕教授的见解颇有说服力,他认为从以下五个方面能够证实神代文字并不存在:

第一,到奈良时代(710~784)为止,"キケコソトノヒヘミメヨロ"这12个清音及其浊音都各自拥有甲、乙两类,且ア行和ヤ行中エ的发音并不相同。在天历年间(947~957),ア行和ヤ行的区别消失。如果当时确实存在神代文字,那应当存在与这一情况对应的文字。

第二,上古日语共有88种音节,合流为50音是在平安时代之后。五十音图大约出现在平安时代的前中期,伊吕波歌创制于平安中期后。而所谓神代文字的排列顺序类似于伊吕波歌,且文字总数为50个,这与上古日语的特征并不相符。

第三,从神代文字的字形来看,它多数仿造朝鲜语的谚文,而谚文产生于15世纪。

第四,神代文字被大量发现是在江户时代之后,多见于字母表而少见用神代文字书写的词语或文章,而所谓的神代文字文献也多半被认为是伪书。

第五,从历史文献资料来看,中国史书《隋书》记载日本"无文字,唯刻木结绳。敬佛法,于百济求得佛经,始有文字",而日本镰仓时代的《二中歷》记载"年始五百

[①] 忌部正通.神代口訣[DB/OL].[2018-10-29].https://www2.dhii.jp/nijl_opendata/searchlist.php? md=thumbs&bib=200005049.

[②] 大島正二.漢字伝来[M].東京:岩波書店,2006:3.

六十九年内卅九年、号無く支干を記さず、其の間刻木結縄し、以て政となす"（自开始记录年份起，569年中有39年没有年号且不记录天干地支，这期间以刻木结绳为政）。由此证明在汉字传入日本列岛之前日本并无文字。

当然，古代日本人也有可能为满足其记事需要而发明出某种固有文字，毕竟由结绳记事发展到创造文字也是人类社会正常的发展过程，我们无法完全将这一可能性排除。不过，就目前可见文献及研究所示，我们至少可以断定，现代日语中的假名文字的"渊源来自汉字而同所谓神代文字或其他某种文字无关"①。

築島裕提到了神代文字产生的时间问题，通过与汉字传入日本的时间比对，以上的问题就会迎刃而解。至于对使用汉字具体时间的判定，日本学术界主要是通过对历史文物的考古研究和对历史文献资料的解读这两种方法来实现的。我们相信，随着今后相关考古工作的逐步推进，以及学界专家学者对历史文献资料的深入挖掘，会有更多能够佐证的文物、资料等证据出现，也会有更多的推测、假说被提出、验证，由此可能会更新或更改目前学界所得出的结论。

二、关于传播内容及途径

潘钧教授指出，"文字可以随着器物，也可以随着书籍等书面载体来到日本，还可随着大陆人的言传身教传入日本，或者是以上几种可能性叠加在一起"②。基于此，我们可以从器物、书籍、渡来人（日本古代对从中国或朝鲜半岛移民到日本的人及其后代的总称）三个方面对汉字传入日本的时间进行考察。

首先，从出土文物来看，根据目前所掌握的资料，学术界推测汉字大约在公元1世纪左右传入日本列岛。该推测的主要依据是1784年于福冈县志贺岛出土的上刻"漢委奴国王"的金印（制于公元57年，系汉光武帝赠予倭国使者之物），长崎县弥生遗迹中出土的铸有"貨泉"二字的铜钱以及镜子等其他文物。③

潘钧列举了数个具有汉字形状和确定为汉字的文物遗迹。前者如大城遗迹出土的刻有"奉"（或认为是"年"）字的陶器、广田遗迹出土的刻有"山"字的贝札、三云遗迹出土的被认为是"竟"（镜）字的瓦罐等，后者如"七支刀铭（4世纪后半期）""稻荷山古坟铁剑铭（471年）""江田船山古坟太刀铭（5世纪后半期）""隅田八幡宫人物画像镜铭（503年）""法隆寺药师佛像铭（7世纪后半期）"等。④

其次，从历史文献来看，"《日本書紀》《古事記》《續日本紀》记载，公元405年乐

---

① 赵连泰.试论日本文字的起源与形成[J].日本学刊，2000(2):80.
② 潘钧.日本汉字的确立及其历史演变[M].北京:商务印书馆，2013:11.
③ 大島正二.漢字伝来[M].東京:岩波書店，2006:4-5.
④ 潘钧.日本汉字的确立及其历史演变[M].北京:商务印书馆，2013:15-22.

浪郡(公元前108~公元313年,汉朝政府设立在朝鲜北部的地方管辖机构)人王仁受應神天皇的邀请,赴日教授皇子菟道稚郎子汉文,并随机献上《论语》及其释文共十卷,至此汉语传入日本"[①]。日本人在接触到汉语后,一方面将其作为一种外语进行学习,通过阅读中国的书籍吸收当时先进的文化知识,另一方面也将其当成创造日本本国语言文字的重要参照。"当某一民族的社会发展到了需要文字的阶段时,为了拥有文字,只能依靠两种方法:一种是依靠自己的双手创造,另一种则是向身边已经拥有文字的民族那里借用过来。"[②]可见,日本选择了第二种方法,并经历了一个漫长的演变过程。

汉字、汉文究竟是如何传入日本的,又是怎样演变的?日本学者冲森卓也对此过程进行了划分,并结合实例加以分析。他认为汉字所拥有的"音""形""义"三个方面与汉字的受容过程之间有明显的阶段相关性,并将这一受容过程分为如下三个阶段:[③]

第一阶段,日本人初见汉字,并主要对汉字的"形"进行模仿。反映这一阶段情况的史料有刻在金印、镜子、七支刀等上的金石铭文,以及刻写或用墨书写在土器等物品上的文字。在日本人所仿制的镜子、土器上,汉字多以花纹或单字的形式呈现,可见当时的日本人并未将汉字明确视作一种文字,或许只是将其作为咒力或权威的一种代表或象征。

例如,出土文物七支刀上所刻的金石铭文:

七支刀铭(4世纪后半期)

(表)泰和四年五月十六日丙午正陽造百練鋼七支刀〇辟百兵宜供供侯王〇〇〇〇作

(里)先世以来未有此刀百済王世子奇生聖音故為倭王旨造伝示後世[④]

第二阶段,随着汉字、汉文正式传入日本,日本人完全模仿并使用纯汉字书写,和语中的固有词汇则通过借音来实现(即初期的万叶假名)。以稻荷山古坟铁剑铭为代表,上面就刻有用借音方式书写的人名和地名。中国也有这种音译方式,如《魏志》东夷传倭人条的"伊都""卑弥呼"等。

例如,稻荷山古坟铁剑、江田船山古坟太刀上所刻金石铭文:

稻荷山古坟铁剑铭(471年)

辛亥年七月中記乎獲居上祖名意富比垝其児多加利足尼其児名弖已加利獲居

[①] 李红.近代日语词汇体系型化过程中汉语同构现象解析[J].或问,2015(1):54.

[②] 大島正二.漢字伝来[M].東京:岩波書店,2006:3.

[③] 平川南,冲森卓也,栄原永遠男,等.文字と古代日本 5 文字表現の獲得[M].東京:吉川弘文館,2006:53-55.

[④] 加藤徹.漢文の素養—誰が日本文化をつくったのか[M].東京:光文社,2006:53-55.

其児名多加披次獲居其児名多沙鬼獲居其児名半豆比其児名加差披余其児名乎獲居臣世々為杖刀人首奉事来至今獲加多支鹵大王寺在斯鬼宮時吾左治天下令作此百錬利刀記吾奉事根原也①

江田船山古坟太刀铭(5世纪后半期)

治天下獲○○○歯大王世、奉○典曹人、名无利豆、八月中、用大鑄釜并四尺廷刀、八十練六十捃、三寸上好○刀、服此刀者、長寿子孫、注々得其恩也、不失其所統、作刀者、名伊太加、書者張安也②

第三阶段，是"义"的受容，通过"训"的方式将和语词与汉字字义对应，如将日语的"さかな"对应汉字的"魚"。冈田山一号坟铁刀铭(6世纪下半叶)上的"各田ア"(額田部，ヌカタベ)是现存于日本的最古老的"训"文。

今野真二将这一受容过程也概括为三个阶段③：第一阶段，用汉字书写想要书写的内容；第二阶段，用汉字书写整篇文章，只有固有名词以能识别日语发音的形式用汉字进行表记；第三阶段，试图用汉字书写日语。

以法隆寺金堂药师如来像光背铭为例：

法隆寺药师佛像铭(7世纪后半期)

【原文】池辺大宮治天下天皇大御身労賜時歳次丙午年召於大王天皇与太子而誓願賜我大御病太平欲坐故将造寺薬師像作仕奉詔然当時崩賜造不堪者小治田大宮治天下大王天皇及東宮聖王大命受賜而歳次丁卯年仕奉

【训读】池辺（いけのべ）大宮に天下治めしし天皇、大御身（おほみ）労（いたづ）き賜ひし時は、歳丙午（へいご）に次（やど）る年なり。大王（おおきみ）天皇と太子を召して誓（ちかひ）願（ねが）ひ賜ひしく、「我が大御病太平ならむと欲（おもほ）し坐（ま）す。故（かれ）、寺を造り薬師像を作りて、仕奉らむ」と詔りたまひき。然（しか）れども、当時（そのとき）に、崩（かむあが）り賜ひ造り堪（あ）へねば、小治田（をはりだ）大宮仁天下治めしし大王天皇と、東宮（ひつぎのみこ）聖王と、大命受け賜はりて、歳丁卯（ていう）に次る年に仕奉る。④

上文中的"大御"等接头词、"賜"等敬语的结尾词、"造不堪者"等和语语序，就鲜明体现了日本人将日本元素加入到汉文之中，方便他们书写的事实。

通过上述材料，我们可以大致了解到汉字、汉文传入日本的历史根据和过程，同时也描绘出日本人对其引入、吸纳、使用的认知跨度。起初日本人未将汉字视为文字，而是把它作为图画或图案加以描摹；其后，随着认识的不断深入，他们开始尝

---

① 築島裕.日本語の世界 5 仮名[M].東京：中央公論社，1981：13.
② 築島裕.日本語の世界 5 仮名[M].東京：中央公論社，1981：11-12.
③ 今野真二.漢字とカタカナとひらがな：日本語表記の歴史[M].東京：平凡社新書，2017：33.
④ 潘钧.日本汉字的确立及其历史演变[M].北京：商务印书馆，2013：20.

试用汉字进行书写,并逐渐加入借音、用训等日本元素,使纯汉字逐渐向变体汉字演变。

第三,从传播媒介来看,渡来人对汉字传入日本列岛起到了关键性的作用。汉字并非直接从中国传至日本列岛,而是由来自中国或是朝鲜半岛的渡来人带去的。据藤堂明保[①]、大野晋[②]和潘钧[③]的论证,渡来人主要分为三批次前往日本。

第一批渡来人主要是4世纪下半叶到5世纪从朝鲜半岛前往日本寻求安身之所的逃难者及其子孙。当时的朝鲜半岛战争较为频繁,公元313年,高句丽攻破乐浪郡后,为躲避战争,那些身处朝鲜半岛的渡来人不断南下,最终在日本列岛定居。其中也有如日本将军葛城袭津彦远征朝鲜后带回日本的渡来人。这些渡来人中不仅有朝鲜人,也有为躲避国内战乱而经由朝鲜半岛前往日本的中国人。这些中国人掌握了魏晋时期先进的生产技术,被日本人视为技术人才,其首领受日本朝廷厚待,被任命为"伴造"。渡来人在首领的引领、管理下结成各"品部",主要从事记录文书或手工业工作。

第二批渡来人主要是在6世纪下半叶到7世纪下半叶间到达日本的。这一时期恰逢朝鲜半岛战乱频发,百济、高句丽逐渐走向衰败。来自百济和高句丽的逃难者进入日本,他们带来了更加先进的工艺、建筑等技术,也带去了深受中国南北朝影响的先进文化,包括佛典汉籍、科技书籍等。这些先进的文化技术极大地推动了日本社会的发展进步,在一定程度上促成了当时日本的大化改新。第二批渡来人由于掌握了远比第一批渡来人先进的文化和技术,便逐渐取而代之,成为了新的行业领军者。他们也在其后的律令制时代发挥着较大的作用。

第三批渡来人主要是在660年百济灭亡、668年高句丽灭亡之后从朝鲜半岛逃至日本的贵族人士或知识分子,或是直接从长安等地前往日本的中国人。日本朝廷重用了这些渡来人中的优秀学者和知识分子,让他们参与到日本的地方治理和各项建设工程之中。

渡来人将汉语和中国的先进技术带入日本,为它们在日本的传播发展做出了不可磨灭的贡献。通过他们的努力,日语从原本只有口头语言却没有文字的原始阶段,逐步进化、升级为能够借用汉字进行书写的文明阶段,并在此基础上促成了日本书写系统的形成和确立。由此可见,汉字、汉文一经传入日本列岛,日语就再也不曾离开过它,其书写系统与汉语存在着不可分割的历史依存关系。

---

① 藤堂明保.漢字の過去と未来[M].東京:岩波新書,1982.
② 大野晋.日本語はいかにして成立したか[M].東京:中公文庫,2002:209-213.
③ 潘钧.日本汉字的确立及其历史演变[M].北京:商务印书馆,2013:13-15.

第二节　汉语对日语语音的影响

如前文所述,日本当时并无固有文字,日本人在接触汉字、汉文后,首先想到的就是全盘接受汉文,通过学习汉文来掌握汉字。而对于汉语中不存在的和语固有名词,则以借音的方式把和语的音与汉字进行对应,千方百计地尝试使用汉字来写文记事。

汉字由三个要素构成,分别为"字形""字音"和"字义"。"古代的日本人在导入汉字时,将字形原封不动导入,对其他两个要素则是花了一番心思使其与本国语言进行同化。"[①]汉字字音传入日本也经过了几个阶段,现代日语中所使用的汉字字音主要分为三种,分别是"吴音""汉音"和"唐音"。在这三种汉字音传入之前,还有一种"古音",也称"推古音",被认为是最早传入的汉字音,是汉代及汉代之前的发音,多数已失传,仅有个别传承至现代日语中,如"乃(ノ)""支(キ)""止(ト)"等。

"吴音"于公元6世纪或7世纪传入日本,是中国南北朝时期南方吴地的发音。这一时期,大量源自中国的新鲜事物和新词汇直接或间接地传入日本,表现在日常生活、佛教用语、动植物等方面的汉语词汇很典型。如与日常生活相关的"瑠璃(ルリ)""蜜(ミツ)""胡麻(ゴマ)""縁(エン)""天井(テンジョウ)""屏風(ビョウブ)"等;佛教类的"極楽(ゴクラク)""経文(キョウモン)""功徳(クドク)""有無(ウム)"等;动植物中的"象(ゾウ)""孔雀(クジャク)""木瓜(モケ)""蓮花(レンゲ)""紫苑(シオン)"等。这些来自中国的汉语词汇以及它们的发音丰富了日语的词汇、语音系统,又因为这些词汇紧贴人们的生活,从语言的现实性和工具性来看,吴音对日语的语音产生了较大的影响。且如前文所述,这一时期汉语在日本大范围传播,因此吴音可以说是扎根较深的一种字音。但吴音并非直接由中国输入,而是经由朝鲜半岛间接传入的,这也导致了有关其地位正统性及使用时间性的质疑。在正统性方面,因为并非由中国直接传入,发音势必与标准的吴地发音有所差异,经由朝鲜半岛则有可能在发音中混入当地的语音导致吴音不纯粹、不地道;在时间性方面,由于间接传入而非双方主动直接接触,即由第三方分批次输入,导致时间上具有一定滞后性、多层次性。故此,对强调正确性和正统性的日本知识精英来说,这是难以接受的,因而吴音在此后漫长的历史发展过程中都有被汉音取代的倾向。

"汉音"在大约公元7世纪末至8世纪传入日本,是唐朝国都长安附近的发音。中国幅员辽阔,各地发音也是千差万别,隋唐时期定都于中国西北部的长安(现西

---

① 大島正二.漢字伝来[M].東京:岩波書店,2006:14.

安),其官话自然与吴地不同,汉字的标准发音也与吴音相异。唐代国力强盛,为学习先进文化与制度,日本先后派出13批遣唐使和留学生进入中国,他们学成归国后也将长安当地的字音带入了日本。"对当时的日本人来说,这还未听惯的新发音也向他们传达着唐文化的光辉之声吧。也因此,日本从奈良时代末期到平安时代初期,开始重视新传入的发音而排斥已有的汉字音。"① 日本朝廷下敕令要求人们学习汉音,但由于吴音早已存在,无法简单地用汉音取而代之,因此出现了吴音、汉音并用的局面。到了江户时代,汉音虽再次受到重视,然而终究无法将吴音完全排斥出去,导致这一时期开始出现一个汉字词内吴音、汉音并用的情况,如"食堂(ショクドウ)"就是汉音加上吴音,"唯一(ユイイツ)"则是吴音加上汉音的构成形式。而在现代日语中,大多数字音都是汉音,如"文章(ブンショウ)""期间(キカン)""成功(セイコウ)""行动(コウドウ)"等。

"唐音",是中国宋、元、明乃至清朝时期的字音,也称"宋音"或"唐宋音"。唐音和吴音、汉音不同,并不构成一个完整的体系,而是在较长的一段时间内随着某些词语传入日本的。镰仓、室町时代(1336~1573)的日本商人、僧人通过与宋、元、明朝的中国人交易往来,接触到了当时的汉语发音,故而唐宋音多集中于佛教禅宗以及与日常生活相关的词汇。藤堂明保指出,当时禅寺中的僧人似乎都使用汉语来称呼日常生活中的起居礼仪或器物的名称,因此禅宗的清规戒律中较为完整地保留了唐宋音,且大多数在当时传入日本的日常用品名称也为唐宋音,其发音很多延续至今。② 如与佛教、禅宗相关的"看経(カンキン)""普請(フシン)""庫裡(クリ)",与日常生活、用品有关的"饅頭(マンヂュウ)""蒲団(フトン)""喫茶(キッサ)""椅子(イス)""瓶(ビン)"等。

需要指出的是,吴音、汉音、唐音中的"吴""汉""唐"并非表示朝代,而是代表地名。吴即吴地,指长江中下游地区,汉即代指中国的"汉语""汉人"之"汉",唐则指代唐土,因此这些汉字音在名称上和它们传入日本的时期会有一定的错位。藤堂明保就在探讨"吴音""汉音"的名称时指出,"人们常说的吴音是三国时代吴国所在区域,即长江下游江南地区的发音。相对地,汉音是指唐朝都城的标准汉语的发音。这样的说明本身是没有错的"③,但他认为这样的表述忽视了重要的一点:"吴音""汉音"这样的名称并非由日本人自己主动创造的,因为对于当时日本人所掌握的知识程度来说,不可能明确地知晓中国江南地区这类地理位置,仅仅将中国称为"くれ",意"日落西方之国(日が暮れかかる西方の国)",并将汉字"吴"译为"くれ"。此处的"吴"并非指"江南地区"或是"三国时代的吴国",仅仅指代中国罢了。

---

① 中田祝夫,林史典.日本の漢字[M].東京:中公文庫,2000:425.
② 藤堂明保.漢語と日本語[M].東京:秀英出版,1969:296-297.
③ 藤堂明保.漢語と日本語[M].東京:秀英出版,1969:280.

而"汉音"这一名称也并非中国人所起,更可能是由西域人(或日本人)命名的,因唐代西域人称中国人为"汉子"或"汉人","汉"即当时中国的代表性名称,故而藤堂明保推测"汉音"是指长安的发音,意为标准汉语。①

第三节 对和语的影响——万叶假名的产生与发展

如前文所述,在汉字和汉文受容过程的第一、第二阶段,日本人是完全将汉语作为一种外国语言加以学习并使用的,因此我们无法将汉字视为日本人自己的表记文字。而进入第三阶段,古代日本人把和语的发音与汉字的字义结合在了一起,称之为"训",也就是"汉字与日语意义之间的对应"②。如将和语的"さかな"与汉字"魚"相对应,"いね"与汉字"稲"相对应等。但"训"这种对应并不具备唯一对应性,同一个汉字有可能对应多个和语词。冲森卓也指出,"训"对于汉字来说是具有流动性的,同一种汉字表记未必对应同一个和语词,如"清明"一词可读作"きよくてる",也可读作"まさやかに"。③因此,日语需要一种方法来解决这一读音上的摇摆问题,使其更为稳定和准确。另一方面,汉语和日语不属于同一语系,汉语是典型的孤立语,在表达语法意义时主要依靠固定词序和独立虚词,而日语属于黏着语,富有词形变化,表达语法意义时主要通过把附加成分附着在处于中心位置的词根上。日语不同于汉语的主谓宾语序且用言具有大量的词形、词尾变化,这就导致直接借用汉字并以汉文表达日本固有语言的方式面临诸多困难。这些问题也造成了日语语言和文字存在不一致的情况,它直接阻碍了文字在全日本的传播和普及。为此,日本人进行了长期不懈的努力和孜孜不倦的探索,最终于8世纪左右即奈良时代基本完成了对表音汉字的创制,宣告了"万叶假名"时代的到来。

一、万叶假名

"万叶假名"这一名称来源于日本最早的和歌集——《万葉集》,该和歌集频繁使用了这类文字,因此后世便将其统称为万叶假名。虽名为万叶假名,却并非只见于《万葉集》之中,其用法也经历了数百年的演变和发展。其起源可以追溯至汉语

---

① 藤堂明保.漢語と日本語[M].東京:秀英出版,1969:280-283.
② 潘钧.日本汉字的确立及其历史演变[M].北京:商务印书馆,2013:26.
③ 平川南,冲森卓也,荣原永遠男,等.文字と古代日本 5 文字表現の獲得[M].東京:吉川弘文館,2006:320.

传入日本列岛时期。如前文所述,当时为了书写汉语中不存在的日本固有词汇,如人名、地名等,日本人通过一字一音节的方式将汉字的字音与和语的语音相对应,这类汉字即为最初的万叶假名。

万叶假名本质上就是把汉字作为单纯的表音文字来使用,即所谓表音汉字,但在字形上依然是不折不扣的汉字。不过,其原理是通过汉字的字音和字训表记日语,从性质、功能上看可以分为音假名与训假名。

音假名指将汉字作为单纯的表音文字,以一字一音节的方式记录和语的发音。作为音假名的汉字完全脱离了它本身具有的表意性,仅仅是一个表音符号。

如《万葉集》五卷第810首(作者大伴旅人)[①]:

伊可尔安良武 日能等伎尔可母 許惠之良武 比等能比射乃倍 和我麻久良可武

其对应的日语发音是:

いかにあらむ ひのときにかも こえしらむ ひとのひざのうえ わがまくらかむ

通过万叶假名文和平假名文的对照,我们可以发现,即使汉字的字音经过了千百年的演变和空间上的转变,依然能在一定程度上找到万叶假名的字音和汉字字音之间的对应关系。

春日政治将万叶假名的音假名用法分类如下[②]:

1. 全音假名

无韵尾,用单一音节表记。
例:斯鬼(しき),出自稲荷山古坟铁剑铭。

2. 略音假名

省略字音的韵尾。
例:能登(のと)香山,出自《万葉集》十一卷第2424页,"能""登"均包含ng韵尾,但此处将韵尾省略。

3. 连合假名

用后续音节的头一个辅音消除前一字音的韵尾。

---

① 京都大学電子図書館.『曼朱院本』萬葉集 5卷[DB/OL].[2018-10-25].https://m.kulib.kyoto-u.ac.jp/webopac/digview.do? bibid=RB00013506&seq=178&lang=ja.

② 平川南,冲森卓也,栄原永遠男,等.文字と古代日本 5 文字表現の獲得[M].東京:吉川弘文館,2006:323-324.

例:獲居(わけ),出自稻荷山古坟铁剑铭,"獲"字的韵尾k与后面的"居"的头一个辅音k相同。

4．二合假名

在字音的韵尾处添加元音,相当于双音节。

例:足尼(すくね),出自稻荷山古坟铁剑铭,将元音u添在"足"的韵尾k之后,使韵尾音节化。

冲森卓也指出,大多数音假名是全音假名,少数情况则适用于上文所述的后三种。同时,他提出还有一例特殊情况似乎并不属于以上四种,于是将其添作第五种情况,即[①]:

5．连结假名

字音的韵尾作为头一个辅音,与后续音节的元音结合。

例:最邑(さよふ),出自出云国风土记神门郡,"最"的韵尾i与后面"邑"的元音o结合成音节。

另一种万叶假名称为训假名。目前的研究认为,训读在日语中开始趋于稳定是在6世纪上半叶。训读并非日本首创,其来源于朝鲜半岛,由渡来人带入日本。逐渐稳定的训读开始混用在音假名之中,同音假名一起表音,称为训假名。就是说,原本的"训"是将汉字的字义与和语词汇对应(这种对应即所谓的"正训"),而训假名却将正训的字义抛弃,只留下它的发音,单纯作表音文字使用。在这种情况下,汉字的本义产生了脱离,只看一个汉字的字形是无法联系到它在特定短语或句子中的实际含义。以现存最早的训假名文物"矢田部"木简(7世纪中叶飞鸟板盖宫遗迹出土)为例,"矢田部"指的是仁德皇后的八田皇女,本应使用表示数量的汉字"八(や)",而此处却选择了同音而不同义的"矢(や)"。[②]

训假名也有多种不同的用法,冲森卓也根据前述春日政治对音假名的分类方法,对训假名进行了分类:[③]

1．单音节训假名

用汉字本身的训读表记一个音节。

---

① 平川南,冲森卓也,栄原永遠男,等.文字と古代日本 5 文字表現の獲得[M].東京:吉川弘文館,2006:325.

② 潘钧.日本汉字的确立及其历史演变[M].北京:商务印书馆,2013:26-27.

③ 平川南,冲森卓也,栄原永遠男,等.文字と古代日本 5 文字表現の獲得[M].東京:吉川弘文館,2006:330-331.

(1) 一字一音节训假名。

例：宇多手(うたて)中的"手(て)"，出自《万葉集》十一卷第2464页。

(2) 多字一音节训假名。

例：五十等児乃嶋爾(いらごのしまこ)中的"五十(い)"，出自《万葉集》一卷第42页。

2．略训假名

省略训读的词头或词尾音节。

(1) 省略词的词头音节。

例：名積叙吾来煎(なづみぞあがける)中的"煎(る)"，出自《万葉集》三卷第382页。

(2) 省略词的词尾音节。

例：赤弥田寺(あみだてら)中的"赤(あ)"，出自千叶县城山遗迹墨书土器。

(3) 在重复同一音节的词中，省略其中一个音节。

例：奈具佐米七国(なぐさめなくに)中的"七(な)"，出自《万葉集》六卷第963页。

3．连合训假名

(1) 用前一词的末尾元音消除训的词头的元音音节。

例：借五百磯所念(かりほしおもほゆ)中的"五百(ほ)"，出自《万葉集》一卷第7页。

(2) 用类音的前接音节消除训读的词头音节。

例：神長柄(かむながら)中的"柄(ら)"，出自《万葉集》一卷第38页。

(3) 用同音的后续音节消除训读的末尾音节。

例：赤加真(あかま)中的"赤(あ)"，出自千叶县五斗蒔瓦窑迹刻书瓦。

4．多音节训假名

(1) 一字多音节训假名。

① 表示双音节。

例：朝廷取撫賜夕庭伊縁立之(あしたにはとりなでたまひゆふべにはいよりたたしし)中的"庭(には)"，出自《万葉集》一卷第3页。

② 表示三音节。

例：慍下(いかりおろし)中的"慍(いかり)"，出自《万葉集》十一卷第2436页。

(2) 多字多音节训假名。

① 用两个字表示两个音节。

例：懸而小竹櫃（かけてしのひつ）中的"小竹（しの）"，出自《万葉集》一卷第6页。

② 用三个字表示两个音节。

例：恋渡青頭鶏（こひわたるかも）中的"青頭鶏（かも）"，出自《万葉集》十二卷第3017页。

通过以上对音假名和训假名的分类总结，我们可以发现，由于中国的汉字字音与和语的音节构造不同，音假名与训假名在音节的省略或消除的方法上产生了一定的差异。①音假名更多地是对韵尾的处理，因汉语的读音中存在入声或前后鼻音；而训假名由于发音源自正训，因此符合和语音节简单的特点，多为省略重复音节或将相邻音节合并。

一般认为，万叶假名在奈良时代进入全盛期，在平安时代开始逐渐转向衰落。万叶假名较为繁复的字数和字形可以视作其由盛转衰的主要原因。汉语中同音字或音近字较多，而和语的发音相比之下较为单调，这就导致日本人在假借汉字的发音时出现一音对应多字的现象。再加上每人书写的习惯不同，在当时的条件下很难在短时间内达成某种共识或制定一个共同标准，这也导致了万叶假名字数极多，显得极为繁杂。如"あ"对应的万叶假名有"阿""安""足""婀""鞍"等，"し"对应的万叶假名有"之""芝""子""次""志""思""偲""寺""侍""詩""斯""師""四""式""此""資""時""矢""尸""司""嗣""旨"等。万叶假名所带来的问题及困局预示着这个时代的终结，而由它蜕变而来的、具有新鲜活力的假名就要登上历史的舞台了。

二、变体汉文

日本人在学习汉字、汉文后，主要通过模仿汉文的方式表记、作文。在模仿过程中，他们逐渐摆脱汉语的表达载体——汉字的禁锢，开始向汉文体中添加和语要素，比如将汉语主谓宾的语序调整为和语的主宾谓，抑或添加和语的敬谦表达等。这些形式上的改变主要是为了顺应和语的表达习惯，使文章更符合日本人的实际需求。毕竟汉文是专为汉语量身定制的文体，无法完全适用于和语，对于汉语词中不存在的日本的独有概念，日本人很难找到合适的汉语词汇予以融通、达意，实现确切表达。即便使用表音汉字的万叶假名，也因为前文所述的两大主要问题而为

---

① 平川南，沖森卓也，栄原永遠男，等.文字と古代日本 5 文字表現の獲得[M].東京：吉川弘文館，2006：331-332.

日文的书写增加了新的麻烦。《古事记》的编者太安万侣曾在序文中提到用汉字表记和语的困难之处:"然、上古之時、言意並朴、敷文構句、於字即難。已因訓述者、詞不逮心。全以音連者、事趣更長。是以今、或一句之中、交用音訓、或一事之内、全以訓録。"①即是说,如果只用汉字的正训进行表记,就很难充分表达出作者内心想要传达的内容,甚至导致文字和实际意义不一致;而使用表音汉字的万叶假名将全文连缀成篇,又导致字数繁多且书写成本增加。由此,太安万侣在行文中采用了"交用音訓"或是"全以訓録"的办法来解决这一难题。例如:

次国稚如浮脂而、久羅下那州多陀用弊流之時_{流字以上十字以音}

其训读文为"次に国稚くして浮べる脂の如くして、クラゲナスタダヨヘル時に_{流の字より以上の十字は音を以てせよ}"。②

该句即是"交用音訓"的例子。句中的"次""国""浮脂""時"等字词都是采用的汉字正训,而"久羅下那州多陀用弊流"这十个字采用的就是表音的万叶假名。同时我们也看到,为方便读者阅读和理解,太安万侣在该句句末以注的方式标明了音假名的使用范围。

除了"交用音訓",太安万侣还在正文中进一步加入了日语元素,使文章在表述上更接近日语,这样一来,正文部分就并非纯正的汉文写法了。比如在《古事记》中"須佐之男の命、大蛇退治の条"里有这样一个句子:

老夫与老女二人在而、童女置中而泣

其训读文为"老夫と老女と二人在りて、童女を中に置きて泣く"。③

"童女置中而泣"一句并非纯正的汉文写法,否则应将语序调整为"置童女于中而泣"。这样的改动,恰恰表明日本人在试图将外来的汉文与本土语言尽可能地融会贯通。"奈良时代末期到平安时代初期,这样的文体也多用于铭文、诏书敕书之中。这种文体被称作'变体汉文'。凭借'变体汉文'这一形式,日本人第一次掌握了用散文进行记述的技能。"④

不过对于这一文体的名称,日本学者有着不同的看法。潘钧在著作中作出了如下总结⑤:

橋本進吉称这一文体为"变体汉文(変体の漢文)",德光久也称其为"和化汉文"。冲森卓也称之为"变格和文"或"略体和文",因其虽看似处于汉文与和文之

---

① 国立国会図書館デジタルコレクション.古事記[DB/OL].[2018-10-25].http://dl.ndl.go.jp/info:ndljp/pid/2533573.
② 築島裕.日本語の世界 5 仮名[M].東京:中央公論社,1981:33.
③ 藤堂明保.漢語と日本語[M].東京:秀英出版,1969:334.
④ 藤堂明保.漢語と日本語[M].東京:秀英出版,1969:334.
⑤ 潘钧.日本汉字的确立及其历史演变[M].北京:商务印书馆,2013:121.

间，但本质上还是和文。而山口仲美认为，"变体汉文"或"和化汉文"这种称呼等同于把它看作汉文的一种，言外之意是认中土汉文为正宗，故不准确；而"变格和文"也同样不准确，因其本身就是"正格和文"，并未"变格"，因此应称其为"汉式和文"。乾善彦认为，从文章形态出发，处在两极的是假名文体和汉文体，而所谓"变体汉文"处在两者之间，故称之为"拟似汉文"。

经过和化的这类文体还有很多其他形式，常见的有天皇颁布诰命时所用的"宣命体"，武家所使用的"下知状""布文"，男性的日记、文书中所用的"记录体（或东鉴体）"，专门用于书简之中的"候文"等。①

三、《万葉集》的表记方式

前文提到，《万葉集》是日本最早的和歌集，其中大量采用了万叶假名。李树果指出，《万葉集》首先采用了表意性的训读文字，文体上使用了变体汉文，以此达到视觉印象上的美的效果。李树果将《万葉集》对和歌的表记归纳为以下两种主要形式并列举如下②：

1. 以音假名为主的标记形式

如十九卷第4292页，大伴家持作。
宇良々々爾 照 流春 日爾 比婆理安我里情　悲 毛 比登里志針母倍婆
うらうらに てるはるひに ひばりあがりこころ かなしもひとりしおもへば

2. 以训读字为主的标记方式

如六卷第924页，大伴赤人作。
三吉 野乃 象 山 際 乃 木末 爾波 幾 許毛 散和口 鳥 之声 可聞
みよしのの きさやまのまの こぬれには ここだも さわく とりのこえかも

在第一首和歌中，"宇（う）""良（ら）""流（る）"等万叶假名就是音假名，只有少数如"照（てれ）""春（はる）"等汉字采用的是正训。而在第二首和歌中，"三（み）""吉（よし）""山（やま）"等汉字均为正训字，用来表音的万叶假名反而较少。由此可见，《万葉集》在选字方面下了很大的功夫，实现了和歌用字的多样性。同时，第二首和歌的最后一句将"かも"写作"可聞"，这就使"鳥之声可聞（とりのこえか

---

① 藤堂明保.漢語と日本語[M].東京：秀英出版，1969：334-337.
② 李树果.从"万叶假名"看日本文字的创造[J].日语学习与研究，1986（3）：24.

も)"一句的实际读音所带来的和语语义与汉字本身含有的字义产生了一定的偏差,而正是这种偏差带给读者双重意涵,为该首和歌平添了美感。

冲森卓也指出,《万葉集》中以万叶假名为主体的和歌只使用音假名,以训为主体的和歌表记则逐渐采用了音假名、训假名混用的方式,之后这种方式逐渐推广、普遍使用起来,到了7世纪末,万叶假名从体系上失去了音假名和训假名的区别。①

第四节 对和语的影响——平、片假名与国字的产生与发展

假名分为平假名与片假名,平假名由草体字蜕化而来,片假名由楷体字蜕化而来。平假名与片假名的字源如下所示。②

あ(安) い(以) う(宇) え(衣) お(於)
か(加) き(幾) く(久) け(計) こ(己)
さ(左) し(之) す(寸) せ(世) そ(曾)
た(太) ち(知) つ(川) て(天) と(止)
な(奈) に(仁) ぬ(奴) ね(祢) の(乃)
は(波) ひ(比) ふ(不) へ(部) ほ(保)
ま(末) み(美) む(武) め(女) も(毛)
や(也) ゆ(由) よ(与)
ら(良) り(利) る(留) れ(礼) ろ(呂)
わ(和) ゐ(為) ゑ(恵) を(遠)
ん(无)

ア(阿) イ(伊) ウ(宇) エ(江) オ(於)
カ(加) キ(幾) ク(久) ケ(介) コ(己)
サ(散) シ(之) ス(須) セ(世) ソ(曾)
タ(多) チ(千) ツ(川) テ(天) ト(止)
ナ(奈) ニ(二) ヌ(奴) ネ(祢) ノ(乃)
ハ(八) ヒ(比) フ(不) ヘ(部) ホ(保)

---

① 平川南,冲森卓也,栄原永遠男,等.文字と古代日本 5 文字表現の獲得[M].東京:吉川弘文館,2006:332.
② 森岡隆.図説 かなの成り立ち事典[M].東京:教育出版,2006:4-50.

マ(末)　ミ(三)　ム(牟)　メ(女)　モ(毛)
ヤ(也)　ユ(由)　ヨ(与)
ラ(良)　リ(利)　ル(流)　レ(礼)　ロ(呂)
ワ(和)　ヰ(井)　ヱ(恵)　ヲ(乎)
ン(∨)

平假名与片假名都源自万叶假名(表音汉字)。前文提到,万叶假名中会出现一个和语语音对应多个汉字的情况,而且在不同作者的笔下,同一个汉字可能对应不同的音,会使读者难以辨别[①]。从语言使用的意义性与稳固性来看,这种混乱现象势必要朝着意义明确、去繁化简的简化方向发展,即同一个和语语音只对应一到两个固定的汉字。除音、字对应之外,简化繁杂难写的汉字字形也是演化的趋势之一。从上面的字源所示来看,无论平假名还是片假名,几乎都是由中国的汉字演化或取汉字的一部分而得来的,且值得注意的是,同一发音的平、片假名的字源并非完全一致,这也体现了平假名与片假名相对独立的演化过程。

另外,森冈隆指出,作为特例,片假名"ン"的字源与其他平片假名是不同的。它并非由万叶假名演变,而是从符号演变而来的。如前文所述,拨音并非和语的固有音节,而是从汉语借音而来。据说拨音的广泛使用是在11世纪左右的平安时代,为书写这一新生音节,日本人找到了和拨音发音接近的"む",将其字源"无"的草书体"ん"赋予了拨音,把它作为拨音的平假名。因为"む"对应的汉字数量较多,且当时如"武"字等字形已经被广泛使用,所以"む"和拨音的汉字字形共用并未产生冲突。而片假名一方,当时"ム"对应的汉字只有"牟",没有其他可以替代的汉字,因此并不能像平假名那样匀出一个汉字去表示拨音。由此,日本人选择采用如音调符号的">""<",以及表示换气的"∨"等符号表示拨音,最终演化为现在的片假名"ン"。[②]

一、假名的书写体

小松茂美在其著作《かな —その成立と変遷—》中,对"假名"这一名称的由来及其不同的书写体做了梳理和总结。[③]

他指出"かな",即"假名"一词,原作"かんな",一般认为是由"かりな"一词转化而来,"かり"指假借,"な"则指文字。"假名"这一名称与"真名"相对,真名就是指

---

① 陆晓光.汉字传入日本与日本文字之起源与形成[J].华东师范大学学报(哲学社会科学版),2002(4):93-95.
② 森冈隆.図説 かなの成り立ち事典[M].東京:教育出版,2006:50-51.
③ 小松茂美.かな その成立と変遷[M].東京:岩波新書,1968:63-134.

汉字,而从汉字假借而来的表音文字就是假名。当时的日本人将汉字视为正式文字,称其为"真字""真名"或"真假名"。983年,《宇津保物語》中首次出现了"假名"这一名称。假名文字包括三种,即万叶假名、平假名和片假名。

小松茂美通过研读《宇津保物語》,指出这三种假名在10世纪下半叶到12世纪末,曾以五种不同的书写体形式并存且被分开使用,分别是"男手""草""女手""片かな"与"葦手"。

1. 男手

"男手"这一名称是平安时代产生的,指奈良时代男性所使用的楷书体或行书体万叶假名。据《宇津保物語》记载,男手的书写方式名为"放書(はなちがき)",指书写时相邻两字之间留有一定的空当,字与字之间笔画不相连。同时,在选字上也注重多样性,作者会有意识地选择发音相同但字形不同的万叶假名进行书写。如前文所述,由于汉语同音、近音字较多而和语语音较为单纯,日本人在借汉字音时会导致大量同音字产生,因此在使用万叶假名时,作者会依其个人习惯或是为文章增添多样色彩而有意识地选择同音不同字的汉字。上文也提到这种书写体又被称为"真假名",正是由"以真名写假名"(指将汉字作为表音文字即假名来使用)之意而得来的。

小松茂美指出,"进入平安时代之后,这种真假名也自然而然地为社会大众所使用,大量文书与典籍也采用真假名编纂"[①],如《高橋氏文》(789)中就大量使用了真假名,但因原本现已不复存在,研究者通过查阅、引用了包含其内容的《政事要略》《年中行事秘抄》等资料才得以发现。《高橋氏文》之后,依次出现了诸多使用真假名的著作,其中也不乏现今看来极为重要的资料,如斋部广成献给平城天皇的记录着古代日本氏族关系的《古語拾遺》(807),以及《日本靈異記》(约820)、《日本感霊録》(约847以后)、《続日本後紀》(869)、《文德実録》(879)、《三代実録》(901)等史书中歌谣或和歌的部分等。此外,《新撰字鏡》(901)、《本草和名》(918)、《倭名類聚抄》(935)等说明、解释汉字的读法、意义的著作中也都使用了真假名。[②]

2. 草

据《宇津保物語》记载,有一种书写体既非男性专用也非女性专用,被称为"草"。它是在由男手发展到女手的过程中出现的过渡型书写体,介于男手与女手之间。由于过渡期不长,它并未大量存在于古书、典籍之中。前文提到男手的字与

---

① 小松茂美.かな その成立と変遷[M].東京:岩波新書,1968:71.
② 小松茂美.かな その成立と変遷[M].東京:岩波新書,1968:71-74.

字之间不相连,而草则是由书写男手时自然连笔而成的书写体,因此字形也或多或少因人而异,进而激发了当时日本人对书法多样性与美的追求,其本身在书道上的艺术价值要远高于实用价值,用以满足日本王室贵族的审美趣味。

3. 女手

"女手"一词与男手相对,意为女性使用的文字。平安时期的女性多用万叶假名创作和歌或书写随笔,在书写的过程中,日本女性对草更加大胆地进行简写、略写,使其字形更加简单、更利于随手使用,同时也能体现出女性的柔美。相较于草的自然连笔,女手的简略字形已经很难看出它与原本汉字的联系。该形式的出现最早可以追溯至《宇津保物语》(975年前后)及《蜻蛉日记》(974年前后)。

女手相当于现代日语中的平假名。但和平假名有所不同的是,由于女手是从男手即万叶假名演化而来,也就自然继承了万叶假名"一音多字"的特点。当时的女手不像现在的平假名,是由日本政府以法令的形式最终确定一个音的假名字形,而是多种女手字形并存,共同被当时的日本人所使用。

对于女手的产生过程,小松茂美进行了如下梳理:进入平安时代后的100年间,日本处在所谓的"国风黑暗时代",汉诗、汉文在当时的日本文艺界被视为主流,日本国风文化则处于相对弱势的地位。当时的汉文集、汉诗集数量繁多,但这并不意味着所有日本人都使用汉文来写文章,身为表音汉字的万叶假名依然被大量用于记录日常生活或创作和歌。在万叶假名的使用过程中,为方便书写,日本人逐渐将万叶假名进行简写和略写。894年,由于唐朝由盛转衰,日本停止派遣遣唐使,这促使了日本国风文化的复苏,使万叶假名以及由它蜕变而成的女手的使用趋于兴盛。另一方面,9世纪末出现的和歌竞咏也促成了女手的发展成熟。这种假名虽称为女手,却不仅仅为女性所使用,一般认为,女手作为简单易写的表音文字可供儿童识字阶段时学习,过了识字阶段后,男性一般继续学习汉字、汉文,而女性只要掌握女手即可。①

築島裕指出,用平假名书写和歌,会让人联想到和歌与日记、物语类作品的共通之处——它们都在广义上有口语性,且由万叶假名简化而来的女手(平假名)增添了其口语性质上的实用性。②

4. 片かな

小松茂美指出,"片假名的'片'字和'片面''只言片语'中的'片'一样,指不完

---

① 小松茂美.かな その成立と変遷[M].東京:岩波新書,1968:92-93.
② 築島裕.日本語の世界 5 仮名[M].東京:中央公論社,1981:155-156.

全、不充分的意思"①。片假名的产生和由来也照应了名称中的"片"字。片假名源自于汉文训读时所使用的训点,当时的日本人(主要是僧侣)在阅读汉文书籍或佛典时,通过在原文周围添加表示助词与助动词的万叶假名以进行快速阅读,节省了将全文译成日语的时间,久而久之,他们将万叶假名字形简化,取汉字的部分作为符号来使用。"与旨在表现艺术性的平假名不同,这(片假名)是完全从实用中产生的。"②日本人仿照古代中国人对汉字的草写方法略写汉字,这种略体字在当时仅用于表音,几乎不会出现在正式的文书中。

5. 苇手

"苇手"一词从10世纪后半叶开始出现在文字记录中,是一种将假名化为图画来书写的假名字体,带有强烈的游戏性质,从中可以体现当时日本贵族的审美趣味。而在11、12世纪后,它开始成为装饰性的手工艺品图案。③

根据以上小松茂美对这五种假名书写体的梳理,我们可以厘清从万叶假名发展到平、片假名的发展脉络。笔者认为,汉字在正式作为文字进入日语书写系统之后,主要变现为三种使用类型。首先是将汉语作为一门外语学习,使用正统的汉语语言规则以汉文的形式书写文章(日本固有名词或独有概念则把汉字单纯作表音文字使用,这类表音汉字也被归类在之后兴盛起来的万叶假名中)。其次是完全将汉字作为表音文字使用,即使用万叶假名写文章、和歌等。第三是介于纯汉文和万叶假名文之间的变体汉文,以日语语法结构书写汉文,夹杂使用万叶假名等和化文字。在这三者混合使用的几百年间,因汉文被视为权威和主流,纯汉文和变体汉文依然被沿用下来,万叶假名却因其字数多、字形复杂等因素被日本人逐渐以简写、略写的方式将其简化为草与女手,成为现在平假名的源头与雏形。而片假名主要源自汉文训读,当时的日本人用楷书体的万叶假名表示日语助词与助动词以帮助自己快速阅读汉籍,在使用过程中逐渐以略体字的形式简化汉字,最终发展成为片假名。从外形上看,平假名字形圆润,片假名字形平直,这恰恰证明它们的演变过程是不一样的。

以上五种假名,除去苇手这一具有"游戏"性质的字体之外,其余四种假名都在长时间的演化中慢慢固定为现代日语意义上的平假名与片假名。男手、草与女手逐渐融合为现代日语中的平假名,片假名则遵循其固有的过程继续发展成现代日语中的片假名。在诸多假名逐渐演变与融合的过程中,日本人有意识地对一音对应多字的假名进行了大量的统一工作。到了近代,大部分假名得到了统一,而小部

---

① 小松茂美.かな その成立と変遷[M].東京:岩波新書,1968:108.
② 小松茂美.かな その成立と変遷[M].東京:岩波新書,1968:108.
③ 小松茂美.かな その成立と変遷[M].東京:岩波新書,1968:134.

分假名仍存在一字对应一音以上的情况。1900年,明治政府颁布了"小学校令施行规则第十六条第一号表",遵循一字一音的原则,规定了现代日语假名的字形,最终促成了现代意义上的假名统一与稳定。

二、平假名和片假名的演化过程

本部分中,笔者将对现代日语意义上的平假名与片假名的演化过程做如下梳理:

平假名。小松茂美指出,"进入平安时代后的大约100年间,奈良时代出现的万叶假名被社会广泛使用。与此同时,将万叶假名简化的草假名也逐渐出现。之后又更大胆地将其草写、略写,以至于变形为连万叶假名的样子都不复存在,最终形成了我们现在所看到的平假名"[①]。平假名的诞生与发展伴随着日本国风文化的兴盛,演变成担纲日本本土文化、能够毫无障碍地表记本土语言——和语的重要文字载体。築島裕指出,9世纪初期就可见来自中国的大陆文化"和风化"的倾向,日本国风文化的勃兴并非被9世纪末停派遣唐使这一单一事件所影响。[②]在时代诉求与实际需要等主客观因素的共同作用下,本就在日常生活中被频繁使用的万叶假名,逐渐开始向平假名演变。从最初男性使用文字的"男手"开始,万叶假名的字形被连笔书写形成草假名,并逐步被草写成"女手"。当时的女性多使用万叶假名书写和歌或随笔,因其多为抒发个人情感之作,在书写时不太注意工整和规范,因此在草书体的基础上对万叶假名的字形进行了更加大胆的简化,这就是"女手"名称的由来。平安时代,男性贵族子弟也会学习女手,作为他们学习汉字的入门训练。

片假名。片假名的雏形可以追溯到平安时代汉文训读时所用的训点,最初主要出现在日本的寺庙之中。当时的日本僧人在听经、念经时使用的是汉文佛典,他们需要用万叶假名记录每一个汉字的训读。对于日语中存在而汉语中没有的助词、助动词或活用词尾,他们则用万叶假名标注在汉字的周围。这样一来,只要在佛典上补足少量的万叶假名,配合汉文原文中的名词或各种用言的词干,就可以快速而顺利地阅读汉文佛典,不再需要花费大把时间将全文译作日语。不过,由于汉文佛典中字与字之间的间隔并不大,且万叶假名普遍字形复杂、笔画较多,所以日本僧人们在实践中逐步将万叶假名的字形简化(如摘取万叶假名的偏旁部首或一个字的局部),将笔画数减少,节省了标注训点的时间和空间。同时需要指出的是,片假名由男手演变而来,即较为工整的楷书体,因此片假名的字形不同于圆润的平假名。

---

① 小松茂美.かな その成立と変遷[M].東京:岩波新書,1968:64.
② 築島裕.日本語の世界 5 仮名[M].東京:中央公論社,1981:150-151.

演变自万叶假名的平假名与片假名都无法摆脱万叶假名一音多字的问题。作为表音文字的假名一音多字虽然可以在某种程度上增添文字的多样性，以达到一定的审美高度，但它对要求意思明确、表达稳固的成熟文字来说终究弊大于利，因此自假名诞生之日起，日本就在不断地对假名的字形进行统一与整合，直至1900年明治政府颁布政令，以政府文件的形式统一整理、规划、选定假名的使用规则，这是日本历史上规模最大也是效果明显、影响深远的一次整合行动。之后，二战时期的日本政府又对其中的一小部分内容进行了修订与补充。

通过以上对平假名与片假名产生过程的梳理与分析，我们可以断定，所谓日本固有文字——假名的产生与简化万叶假名是分不开的，而万叶假名正是来源于公元1世纪左右传入日本的汉字。追本溯源，可见汉语、汉字是日语书写体系得以成立的先决条件。

三、日本国字

中国汉字经过一系列的简化与演变后形成了全新的日本文字——平假名与片假名，在使用它们的同时，也促成日本人开始模仿，进而创制出了"和制汉字"——国字。国字可定义为广义与狭义两种。广义上，在日本通行的文字、日本人自己创造的文字（平、片假名等）皆可称为国字；而狭义上，则指日本人根据中国汉字的造字原理及方法模仿创制的日本式汉字。本书中所提"国字"即指狭义含义上的和制汉字。

一般认为，国字最早出现于奈良时代，镰仓时代开始大量产生。国字的创制主要源于日本人对表达日本本土概念的现实需求。在依赖汉字书写表记时，由于有些日本独有的事物无法用中国汉字来表达，日本人开始尝试仿造汉字，以补充中日语言之间的对应空缺。既然是日本独有的事物，那就必然导致这些和制汉字只有训读而没有音读，即将某一事物的"和语"发音直接赋予一个自造汉字。李红指出，"'和语'实用具体、表意简单，紧贴日本人的日常生活，生动而具体地描绘现实景观的词汇很多，这主要围绕渔业、种植业等生活环境展开。"① 潘钧也指出，"从内容分布看，国字中带鱼字旁和木字旁的最多，反映了日本人的生活、生产环境以及人们的关注焦点、关心程度等。"② 如沙丁鱼之意的"鰯（いわし）"即国字。由此可知，国字集中体现紧贴于日本人日常生活、生产的领域，这也是日本本土语言最为独特的典型区域。它表明日本人试图用汉字对日本特有的常见事物进行表记，这是国字得以产生的现实诉求和理据。

---

① 李红.近代日语词汇体系型化过程中汉语同构现象解析[J].或问,2015(1):55.
② 潘钧.日本汉字的确立及其历史演变[M].北京:商务印书馆,2013:154.

国字的构成方法有会意、形声、象形、指事、合字等。其中会意"是日本国字的基本类型"①。如常见的"峠（とうげ）"就是由"山""上""下"三个汉字构成，其含义也显而易见，即表示"山顶"之意。再如"畑（はたけ）"，由"火""田"组合而成，意为"田地"。笹原宏之认为，在采用会意这一方式之前，和制汉字还经历了如变形、转用、添加或置换偏旁等阶段。推古时代（593~628）以前的金石铭文上，已经出现了一些日本独有的、在中国及朝鲜的文献中找不到的汉字字形。不过进入推古时代后，日本人开始将中国汉字的字义进行引申、派生与转化，产生"国训"，以达到自由自在使用汉字来标记日语的目的。②

　　国训与国字一样，都有狭义与广义之分。广义上，国训就是指训，是将和语对应到表示其相同或相近意义的汉字读法；而在狭义上，则是指与中国汉字本身的含义不同、赋予该汉字日本独特意义的汉字。国字与国训的主要区别在于前者的汉字本身是日本独创，而后者的汉字是中国已有汉字。潘钧认为，国训与国字的界限有时较为模糊，狭义的国训指汉字训里没有的中文的意义用法，日本人想要尽可能地使用汉字进行书写的这一主观动机就是国训与国字所产生的基本原理。而动机的不同便是区分国字与国训的依据。在缺少合适的汉字对某一事物进行描述与表达时，或可以另造新字，或可以选取意义无关的已有汉字，这两者的共通点是它们都是日本人单方面的创造。若创造人的动机不明，那也就无需专门区分国字与国训的区别，因此也有人认为国训也能包含在国字的概念之中。③

　　国字与国训的产生、发展，印证了日本人试图掌握汉字，并在此基础上进行改良、创新，以适应本国语言实际需要的历史事实。这一过程"充满了试图改良汉字的能量，是在当时或更早以前的中国或朝鲜同样发生过的如出一辙的现象"④。"在国字产生的文化背景中，可以看到上代日本人所具有的将汉字作为中国制度、文物之一去尊重的思想，与立志于国风精神这两者之间的相克之处。"⑤这种在积极学习他国文化的同时，也力求本国文化繁荣发展的努力，促成了日本汉字在依存于中国汉字的同时，稳步向前地发展出了补缺自身特色与符合实际需要的文字。

---

① 潘钧.日本汉字的确立及其历史演变[M].北京：商务印书馆，2013：157.
② 平川南，沖森卓也，栄原永遠男，等.文字と古代日本 5 文字表現の獲得[M].東京：吉川弘文館，2006：285-286.
③ 潘钧.日本汉字的确立及其历史演变[M].北京：商务印书馆，2013：164-165.
④ 笹原宏之.国字が発生する基盤[C].国語文字史の研究七，東京：和泉書院，2003.
⑤ 平川南，沖森卓也，栄原永遠男，等.文字と古代日本 5 文字表現の獲得[M].東京：吉川弘文館，2006：296.

第五节　现代日语主流表记体的演变与确立

一、"和汉混合表记体"书写体系的确立

平安时代,在平、片假名产生之后,诞生了汉字假名混写的"和汉混合表记体"。築島裕将平安时代的"和汉混合表记体"按产生过程分为如下三类[①]:

第一类,是平安初期(9世纪)以降,出现在训点资料中的汉字片假名混写文。

所谓训点,指训读汉文时,加在汉字之上或周围的符号(颠倒符号点、乎古止点)及假名(注音假名、送假名)等的总称。对于大多数没有接触过汉语的日本人来说,汉语完全是一门不同于日语的外国语言,很少有人能够在不经翻译的情况下直接阅读汉文。而面对大量的汉文典籍,逐字逐句地译成日语需要花费大量的时间,为了能够尽快汲取知识、满足迫切的要求,日本人想出了标注"训点"进行快速阅读的方法。通过"训点",日本人得以像中国人那样在阅读汉文原文的同时能直接理解相应的内容。

标示"训点"的行为称为"加点",根据加点方法与笔触颜色的不同可分为墨点、朱点、白点、角笔点(角点)等。其中,角笔点指用角笔(由象牙、木头或竹子等材料制成)在纸面上刻下凹痕的加点方法,在平安初期已广泛用于私人文字或备忘录中。[②]

大岛正二认为,训点是日本人在参考中国古代文献的基础上进一步发展形成的,在汉代木简、楼兰文献(2世纪至3世纪)、敦煌文献(4世纪至10世纪)中可见用于调换汉字顺序的"颠倒符"与表示句子结束的句点等符号。[③]日本人模仿这一做法,并进一步发明其他符号。《華厳刊定記》是学界公认的最早的训点资料,它大约成立于奈良末期,因此"训点"也被推断大致出现在这一时期。当时的佛教经典中存在有大量的训点标示,随处可见表示阅读顺序的汉语数字与返点,以及表示句读的句点。平安时期,日本人开始尝试改良,在汉字周围标注万叶假名来表示日语中的助词与助动词。此后不久,他们又通过在汉字的四角或是四边添加小点或符号(被称为"乎古止点")来表示助词或助动词。乎古止点的加点方式会因流派等的

[①] 築島裕.日本語の世界 5 仮名[M].東京:中央公論社,1981:282-283.
[②] 大島正二.漢字伝来[M].東京:岩波書店,2006:203-204.
[③] 大島正二.漢字伝来[M].東京:岩波書店,2006:85-86.

不同而有所差异。现列举如图1.1所示①：

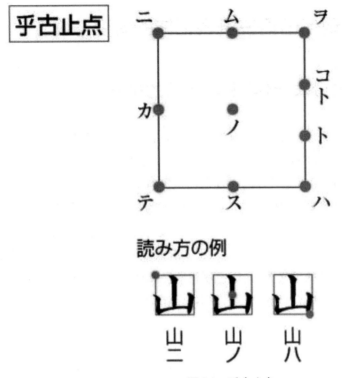

图1.1 乎古止点

乎古止点诞生后，日本人通常将它和万叶假名搭配使用。由于汉籍佛典的文字间距较窄，用于加点的万叶假名字形不得不简化，经过时间的涤荡和斧凿，后来逐渐蜕变为我们熟知的片假名。使用片假名加点既节省空间又一目了然，成为日本人训读汉籍的主要方式。如杜诗《春望》的颈联的加点如下：

烽火连ナリ三月ニ 家書抵ル万金ニ

诗中可见表示训读顺序的数字"一""二"及助词、助动词"ナリ""ル""ニ"，其训读文如下：

烽火（ほうか）三月（さんげつ）ニ連ナリ、家書（かしょ）万金（ばんきん）ニ抵（あた）ル

综上，"训点"的出现让当时的日本人能够快速阅读汉文书籍，而无需花费大量时间、精力对原文进行全文日译。这客观上促进了日本人对新事物、先进文化的迅速吸收，提高了学习效率，降低了时间成本。"训点"的创造体现了当时日本人对汉

---

① 图片取自 https://kotobank.jp/word/%E4%B9%8E%E5%8F%A4%E6%AD%A2%E7%82%B9-40163.

文的学习热情,也是他们发挥聪明才智、深入理解并运用中华文化精髓的典型事例。

第二类是奈良时代(8世纪)以来的宣命书(把汉字作大字记录,把万叶假名作小字记录的独特表记方法),即对万叶假名部分进行草写并逐渐变更为平假名,又进一步将万叶假名置换为片假名的汉字假名混写文。

第三类是平安中期(10世纪)以降,盛行一时的"变体汉文",即在汉字书写的文章中,逐渐出现了添加平假名或片假名的汉字假名混写文。

以上三种不同起源类型的"和汉混合表记体"有一个共通点,就是"其中有'口诵'这一要素。因为身为表音文字的假名本身就承担了'口诵'的要素"[①]。不论是僧人学习经文时所用的训点,还是天皇用来传达诰命的宣命书,都要达到方便口头诵读的效果。相比汉文体而言,汉字、假名并存的文体更接近日语口语,更便于将汉文中无法体现的和语特征(助词、助动词、语序等)表现出来。因此,这类"和汉混合表记体"因其便于"口诵"而登上了日语书写系统的历史舞台。虽然在平安时代之后曾同步发展并兴盛过全假名文,但是经过战后日本的国语改革后,现代"和汉混合表记体"最终得以确立。

乾善彦提出,现代日语"和汉混合表记体"的源流,主要有两条发展路径:其一是增加平假名文中的汉字数量(因平假名文本身就含有一定数量的汉字),从而演变为汉字平假名混写体;另一种是将汉字片假名混写文中的片假名替换为平假名,最终演变成汉字平假名混写体。通过对《太平记》《平家物语》等著作的考察,他认为汉字片假名混写文中的片假名变换为平假名这一设想更具现实性。[②]

我们知道,在现代日语"和汉混合表记体"的书写体系中,平假名所占比重较之片假名更大,片假名多用于书写外来语或是依书写者个人习惯用来表示强调等。汉字平假名混写体成为基本的表记方式大致经历了如下的演变过程:

平安时代初期,作为表音文字的平假名由于其一字表一音的便利性,使当时的日本人能够原封不动地将口头表达出的每一个音记录下来,既满足现实需求也符合表音文字的要求和特点。不过,由于日本各地口头语言存在一定的区别,故而无法将平假名文推广至全国,最初只适用于京都。到了平安时代末期,平假名文逐渐从口语向文言转变,由此平假名"从京都贵族所在的世界拓展到了可以让日本列岛全域使用的范围,它完成了这样一个基础构建"[③]。随着江户时代印刷业的兴起,平

---

① 築島裕.日本語の世界5 仮名[M].東京:中央公論社,1981:283.
② 乾善彦.誰が主役か脇役か—日本語表記における漢字と仮名の機能分担[J].日本語学増刊 ことばの名脇役たち,2013(04):160-162.
③ 矢田勉.日本語表記の構造概説[C].TUG2013チュートリアルを日本語で聞く会(国立国語研究所講堂)講演録,2014:6.

假名的推广更加普及,"明治以降,平假名成为了活字印刷文字的一种,普通的文学书籍或杂志几乎都是汉字平假名混写文"①。原本使用片假名的正式文书也在二战后统一为了汉字平假名混合表记。

通过对以上过程的梳理,我们不难发现,在"和汉混合表记体"成为现代日语的基本书写方式的过程中,汉字自始至终都是以"原始合伙人"的身份参与其中,其演化过程主要围绕选用平假名还是选用片假名作为基本形式而反复尝试、不断调整。和汉混合表记体"至今依然为日本人民所喜闻乐见,常用不厌,具有无限的生命力"②。

二、日语表记方式的演变

今野真二在《汉字与片假名与平假名 日语表记的历史(漢字とカタカナとひらがな 日本語表記の歴史)》一书中,将现代日语的标准书写方式借用电脑的概念假称为"默认设置(Default)",并对"现代日语表记的默认设置"进行了如下定义:

(1) 汉字采用登载于常用汉字表中的汉字字体;

(2) 汉字的音、训采用常用汉字表中的音、训;

(3) 为表示分隔采用标点符号;

(4) 假名用法遵循"现代假名用法"(1986年7月1日内阁告示),送假名遵循"送假名的标注方法"(1981年10月1日内阁告示),外来语的表记遵循"外来语的表记"(1991年6月28日内阁告示)。③

从上述四点可知,现代日语的表记方式多种多样,其繁多程度在当今世界的语言之林中都是少见的。除上述内容所提及的用汉字表记、用假名表记、对外来语进行表记(多为片假名)之外,还有用罗马字表记、送假名表记、振假名表记等表记方式。同时,今野真二还指出,"日语中不存在正字法"④,即日语的书写没有所谓的正确方法。他认为,对于"ハナ(花)"一词而言,用平假名的"はな"、片假名的"ハナ"、汉字的"花""華"来表记都是正确的,而对于英语来说,除了"flower"之外的写法都是错误的。⑤因此,日本人可以根据其自身需要选择合适的书写方法,这体现了日

---

① 矢田勉.日本語表記の構造概説[C].TUG2013チュートリアルを日本語で聞く会(国立国語研究所講堂)講演録,2014:7.

② 赵连泰.试论日本文字的起源与形成[J].日本学刊,2000(2):81.

③ 今野真二.漢字とカタカナとひらがな:日本語表記の歴史[M].東京:平凡社新書,2017:12-13.

④ 今野真二.漢字とカタカナとひらがな:日本語表記の歴史[M].東京:平凡社新書,2017:17.

⑤ 今野真二.漢字とカタカナとひらがな:日本語表記の歴史[M].東京:平凡社新書,2017:17.

语表记的多样性,也可称之为日语书写系统的一大特征。但同时,也因为日语中不存在真正的正字法,为避免大范围的书写混乱,政府在一定程度上进行了行政干预以规范日语表记法。如制定基本原则,并对一些特殊情况提供非强制性参考意见等。但不论日语的表记系统如何演变、表记方式如何繁多,可以确定的是,它们的存在都离不开千年前传至日本列岛的汉字,摆脱不掉与汉语悠久而紧密的依存关系。

综上所述,笔者将日语表记方式的演变过程大致归纳如下:

公元1世纪左右,还不曾掌握文字书写能力的日本人首次接触汉字。据推测,当时的日本人应该还未将汉字视作一种文字,只认为它是一种图案或是符咒,具有一定的权威性或咒力。而最晚在公元5世纪初期,汉语已作为一种新事物传入日本,受到当时日本人的欢迎与推崇。通过汉字、汉文,日本人解决了因本国没有文字而无法记事的问题,他们一方面把汉语作为一种全新的外语进行学习,尝试直接用汉文书写文章;另一方面,面对日本本土口头语言(和语)在诸多方面排异汉语的现实问题,他们采用一字一音的表音汉字即初期的万叶假名来表记日本的固有概念,通过在纯汉文中添加日语元素或夹杂和语语序等方式,使汉文体更加符合日语书写习惯。此后历经数百年的演变,被本土化的所谓"变体汉文"及其相关文体最终登上了日语表记史的舞台,汉文体、变体汉文、和文体三者被共同使用。公元10世纪左右,万叶假名逐渐演变成单纯的表音文字——平假名与片假名,这是日本本土文字正式产生的标志。平、片假名的产生路径相对独立,平假名经历了从男手到草假名再到女手的发展过程,而片假名则主要源自汉文训读时所用的训点。假名基本成型之后,多种表记体如全平假名文,全片假名文,平、片假名混写文以及汉字假名混写文开始出现。与此同时,正式文书依然使用汉文体。江户时代后期,印刷技术的发展、兴隆,为书籍的大量刊印提供了条件。这些书籍的表记方式"从不标注训点的汉文到附上振假名的假名混写文,形式多种多样,其中面向初学者及妇女儿童的读物中大多全数附上振假名"[1]。而学界继续秉承着日本与中国的文化交流、交融传统,这一时期与之相关的书籍多采用汉文体或汉字片假名混写体,这"大概是因为知识分子阶层本来就同汉学有很深的渊源吧"[2]。明治(1868~1912)、大正(1912~1926)时期,平假名越来越多地被用于正式的文本、著作中,甚至连明治时期的"小学读本"也采用了汉字平假名混写体。但同时,正式的公文书,如法律文书依然使用汉字片假名混写的文语体。直至二战后,日本政府推动国语改革,先前大范围被使用的片假名似乎也随着战争的结束退出了历史舞台,汉字平假名混合表记体逐渐成为主流。1946年日本制定了新宪法,其条文也采取了汉字平假名混

---

[1] 築島裕.日本語の世界 5 仮名[M].東京:中央公論社,1981:350.
[2] 築島裕.日本語の世界 5 仮名[M].東京:中央公論社,1981:351.

写的口语体。之后,日本政府又进行了一系列的改革,制定了常用汉字表、现代假名用法、送假名的标注方法、外来语表记法等准则,促使其发展成为当今现代日语的表记体系样式。

第六节　日语书写系统对汉语的历史依存关系分析

一、日语文字对中国汉字的历史依存关系

如前文所述,日本本无文字,其文字体系中的平假名、片假名及日本汉字都与中国汉字存在着紧密的历史依存关系——它们产生于中国的汉字。如果没有千百年前汉字的东传,日本文字的产生可能还要有所推迟。在日语文字的产生与发展中,中国汉字不仅为其提供了孵化母胎,也在其发展过程中起到了一定的指导作用。

尽管日语、汉语结构之间有着天壤之别,但在完成了对中国汉字的受容、并开始用其进行文字记录后,日本人仍不断使用各种方法,努力使汉字成为适合日语语法结构的语言。在这一过程中,日语文字除遵循其自然的演变路径之外,也接受了中国汉字自身发展过程的指导,具体表现在:第一,平假名与片假名的产生源于汉字的草书与楷书,而这些字体正是中国汉字字体不断产生并发展的产物;第二,日本所采用的汉字字形以中国汉字为正统,如在《康熙字典》成书后,日本在面对汉字字形等相关问题时即以《康熙字典》为标杆;第三,日本的现行汉字音主要有吴音、汉音、唐宋音等,这些汉字音均由中国历朝历代的汉字发音日本化而得来,且日本汉字音会遵从中国的朝代更替而迭代,最终出现了在现代日语中依然有部分保留的吴音、汉音或唐宋音夹杂的汉语词汇;第四,日本在自造国字(和制汉字)时遵从中国汉字的造字方式,以既有汉字为模板,其中会意为其基本类型;第五,日本在接受来自欧美等国家的先进词汇时,最初选择了使用汉字并以汉语词的形式进行翻译或造词,因为日本人清楚地认识到采用中国的汉字译词、造词更为精准。

综上所述,日语文字在其发展过程中被烙上了深刻的汉语印记,中国汉字存在于日语表记之中似乎已是理所当然的事情。无论是对于千百年前主要以汉字进行日语表记的古人而言,还是对于习惯了"和汉混合表记体"的现代日本人而言,恐怕都会在潜意识中认为汉字就是日语文字之一,而不会把它作为外国语言文字来看待。尽管随着时代的不断发展,中国汉字与日本汉字因语言、文化等因素的不同而呈现出同源各表的形态,但归根结底,中国本家的汉字影响了日语文字的创制、发

展,这一事实是毋庸置疑的。

二、日本汉字的发音对汉语的历史依存关系

绝大多数的日本汉字都同时存在一个或多个音读与训读,也有少数汉字只有音读或只有训读。由于这些字音与某些时期的中国古汉语文字发音相近,故而为研究中国汉字古音提供了重要的研究线索与研究资料,是目前中日学界公认的具有说服力与权威性的研究依据。这也反向证明了日本汉字音源于中国古音的事实。

如前所述,"吴音""汉音""唐音"由中国传入日本列岛后,汉字音在保持原有发音特色的同时,实现了与日语语音体系的深度结合。该贯通、融合的过程体现了日本汉字音与汉语的子母关系,及其对汉语的依存渊源。理由在于:首先,汉字音的日本化就是一个日本不断从中国各朝各代吸收新鲜词汇及其发音的过程,而中国的先进文化与制度的传入,不断推动着日本社会接纳新事物,从而丰富了日语词汇体系,促进了日语表记语言的成型。其次,日语发音中的拗音、促音、拨音与汉语发音密切关联。"拗音、促音、拨音不仅没有以文字的形式存在于古日语中,在历史上它们是作为极其显著的汉语特征而出现的。"[①]之所以这样断言,是因为这些语音现象在古和语中并不存在,它们都是在吸收了汉语语音之后才出现的。第三,在日语不断发展的进程中,几度出现了汉音试图取代吴音的现象。当时的朝廷视汉音为正音,鼓励人们学习汉音,并希望以此确立汉音的正统性与权威性。这是日本内部对日语的改良举措,也是汉语不断影响着日本汉字音发展的实证。

三、日语的表记方式对汉语的历史依存关系

就书写整体而言,现代日语采用"和汉混合表记体",即假名与汉字混写的形式;从微观层面看,表记上还有为汉字注音的"振假名",明确单词内汉字发音的"送假名"等假名用法。这类汉字假名混写的"混合型表记体系不是人为选择的结果,更非一蹴而就的,而是遵循其内在规律逐步演变而来的"[②]。从万叶假名开始,经过变体汉文、和文体、假名文、和汉混淆文等形式的演变,逐步固定到现今的汉字平假名混写形式的"和汉混合表记体"。这一演变过程的源头是中国的纯汉文,日本人虽然不断向其中融入了日本元素,但是汉字一直作为剧情主角贯穿始终。这一过程无疑体现了日语表记体系对汉语存在着的不可忽视的历史依存关系。

---

① 中田祝夫,林史典.日本の漢字[M].東京:中公文庫,2000:348.
② 潘钧.日本汉字的确立及其历史演变[M].北京:商务印书馆,2013:24.

四、汉字、汉文所体现的权威性

潘钧指出,"在古代,由于汉文来自政治、文化等各方面处于强势地位的中国,所以这种文体成为某种权威力量的体现,这种权威性的符号特征贯穿了日本历史发展的始终,在某种意义上甚至可以说是绵延至今。与之相关的是,直到明治时代为止,日本古代的史书、学术书以及佛教注释等都使用汉文体,天皇御诏也使用汉文,体现出至高无上的权威性"①。正是由于这种权威性,日本人在对日语文字的改良上,也常常以汉语为标杆。例如,语音上,由于视汉音为正统,日本朝廷曾数次试图以汉音取代吴音;文字上,日本人编撰辞典或确定汉字字形时多以中国《康熙字典》等权威书籍为准。到了近代,随着西学东渐,日本兰学兴盛,兰学家们开始了对西方著作的翻译历程。在翻译过程中,出现了大量和制汉字词,用于描述过去未知的西方知识和概念。他们选择引用或创制汉字词而非使用和语词进行翻译,除了汉字本身的造词能力强、具有抽象概括性等特点,表意更准确外,也离不开千百年来早已根深蒂固于日本人观念中的汉文权威性。这种对权威的认可和依赖,也是日本人优先选择汉字词翻译西方科技词汇的重要缘由之一。

综上所述,现代日语书写体系的确立和两千年前传到日本列岛的汉字、汉文有着紧密的历史渊源,而日本创造本国文字的过程,正是一个全面接受并吸收汉字、汉文,在此基础上竭尽全力地尝试各种方法以求满足本国现实需要的本土化过程。日语书写体系的形成也离不开汉语的支撑作用。回顾往昔,我们会发现,无论是重大历史变革时期,还是社会发展平稳时期,面对大量新事物、新概念的引进,日本人总是想方设法利用汉文、汉字加以标识标记。其范围之广、规模之大在世界语言之林中具有明显的典型意义。可见,在日语表记方式创建之初,汉语就以"原始合伙人"身份参与其中,共同组建、构成了新的表记系统。时至今日,"和汉混合表记体"已成为日语表记方式的基本形态,它对传统日语体系的建构、成型以及近代以来日语体系的近代化建设问题,都产生了不可忽视的重大影响。

故此,日本学者今野真二指出:"汉字、汉语对日本、日语来说是长久支撑'公共生活'的存在"②,将汉语糅合入日本而进行地孜孜不倦的努力至今仍未停歇。如果断言汉语扰乱了日语表记体系就与其一刀两断、将其舍弃的话,"我们很容易否定掉与现在关系密切的过去、充满新式表现的将来以及在社会中引起多样变异的现在"③。

---

① 潘钧.日本汉字的确立及其历史演变[M].北京:商务印书馆,2013:112.
② 今野真二.日本語の近代[M].東京:ちくま新書,2014:12.
③ 笹原宏之.漢字に託した『日本の心』[M].東京:NHK出版,2014:4.

第二章　江户时代以来日语对科技汉语词汇的借用

16世纪，西方传教士搭乘商船远涉重洋来到东方，由此开启了中日两国"西学东渐"的新时代。传教士利玛窦在中国采用"书籍传教"①，方济各·沙勿略在日本采用"贸易传教"的方式，获得了当地封建政权的认可与知识精英的支持，使得西方科技文化由此传播开来。然而，日本德川幕府在力图结束战国割据、统一天下的进程中，警觉到基督教的兴盛会威胁到政权的稳定，于是便连续多次颁布禁教令，废除西方传教士建立的教育机构，并将其驱逐出境。而此时的中国正经历着明清之际的"西学东渐"。通过西方传教士及众多中国学者对西学文本的翻译、著说，大量西方科学技术知识开始在中国流播，众多新词汇被创造出来。这些词汇覆盖天文学（北极、纬度）、医学（眼科、堕胎）、物理学（显微镜）等多个领域。

17世纪初到19世纪后期，西学汉籍②经由中国传入日本后，很快被翻印、翻译继而广泛流传，在日本的有识之士中引起了震动与反响，并对日本了解西方文化与维新思想以及近代科技知识在日传播，产生了巨大的助推作用。可见，中国是日本名副其实的西学中转站。国内学术界对西学汉籍的研究多集中在"西学东渐"与中国近代社会以及翻译实践等领域之间的联系，却很少研究其继续东传对日本近代科技发展所产生的巨大影响。历史事实证明，"西方文化的移植，有直接移植和经

---

① "书籍传教（Apostolat der Presse）"一词是由法国学者约翰内斯·贝特雷在1955年出版的《耶稣会士利玛窦神父在中国的适应方法》一书中提出的，直译为"通过出版物来承担使徒的职分"。

② 明清以来，翻译或著书介绍西方宗教、历史文化、科学技术等知识的汉文书籍。

由汉籍间接移植这两条通路"①。西学汉籍是日本引进西方近代科技知识与思想的一条重要途径,它的历史作用至今仍值得我们关注并深入研究。

第一节 明清之际西方传教士的科技翻译成果

一、西方传教士来华与中国近代科学的起步

16世纪,随着资本主义殖民扩张风潮的兴起,天主教耶稣会传教士搭乘欧洲商船远渡重洋到东方传福音。由于明朝禁止一切外国人入境,所以他们辗转到了日本。为了获得日本当权者的认可,传教士们采取贸易与传教双管齐下的"贸易传教"策略并获得了成功。在此过程中,传教士方济各·沙勿略注意到"每当日本人进行激烈辩论时,他们总是诉之于中国权威,在涉及宗教崇拜的问题以及关系到行政方面的事情上,他们乞灵于中国人的智慧。因而他们总是声称,如果基督教确实是真正的宗教,那么聪明的中国人肯定会知道它并且接受它"②,于是他决定无论如何都要去中国传教。然而直到1552年客死上川岛,沙勿略最终也未能达成心愿。之后,经过30年的尝试与等待,以利玛窦为代表的传教士们终于在1582年入华,开始了传教布道活动。而中国近代科学的起点经常被国内外学者定义在利玛窦抵达澳门港的1582年。张孟闻在《现代科学在中国的发展》一书中讲到中国近代科学应从1582年利玛窦入华算起。日本科学史专家汤浅光朝在《科学文化史年表》中处理中国近代科学史部分时,也是以1582年为起点。③

起初,为了避免引起中国人的怀疑,"传教士们并没有急于向中国官员和群众传教布道,而是采用一种迂回的方法。"④他们首先把时间用于学习中国语言和人们的风俗习惯,然后利用"中国人好读一切有新内容的书"⑤的心理,传教士们在一些中国学者的帮助下,"用适合百姓水平的文体,写了一部关于基督教教义的书。其中驳斥了各教派偶像崇拜的一些谬误,所宣扬的主要论点都引自自然法则的例证,

---

① 冯玮.对日本"锁国时代"吸收西方文化状况的历史分析[J].史学月刊,1994(1):74-80.
② 利玛窦,金尼阁.利玛窦中国札记:上册[M].何高济,等译.北京:中华书局,1983:127-128.
③ 汤浅光朝.科学文化史年表[M].東京:中央公論社,1956:170.
④ 冯天瑜.利玛窦等耶稣会士的在华学术活动[J].江汉论坛,1979(4):68-76.
⑤ 利玛窦,金尼阁.利玛窦中国札记:上册[M].何高济,等译.北京:中华书局,1983:171-172.

是很容易被人接受的",①这部书深受一些官员喜爱,很快便在中国国内流传起来。这种"书籍传教(Apostolat der Presse)"的形式很受欢迎且富有成效,随后成为"耶稣会在华传教方针的必要组成部分。"②

此时,利玛窦也意识到"要想让基督教在中国有立足之地,就必须'力效华风'采取'学术传教'的方法,以便跻身儒林、广交名士,取得朝廷的信任。他深知利用手中掌握的西方科技知识的优势来吸引教徒,是实现学术传教的重要途径。"③所谓学术传教,即"通过介绍西方的科学技术与人文知识来吸引、征服中国的士大夫"。④通过这种方法,利玛窦结识了徐光启、李之藻等中国科学家,为西方知识输入中国打下了前期基础。

二、西方传教士的翻译成果

明清时期,西方传教士在中国学者的协助下,翻译了大量的西方书籍。除了宣扬基督教教义之外,其中还包含了众多有关西方人文社科以及自然科学类的书籍。其翻译过程大体上分为以下几个阶段:

第一阶段:明末清初阶段。西方传教士来华传教,积极学习汉语并翻译基督教教义书籍,同时在中国学者的协助下,也翻译了大量西方自然科学、古典哲学等书籍。参与翻译的中国学者有徐光启、李之藻等人。翻译的科技书籍主要涉及天文学、数学、物理学、测量学以及采矿冶金、生物学等领域。翻译方式主要包含传教士自译或传教士口授、中国学者笔录。

据统计,明末清初来华的传教士中,知名的传教士总计70余名,如利玛窦(意)、汤若望(德)、张诚(法)、白晋(法)、南怀仁(比)、罗雅各(意)、蒋友仁(法)、艾儒略(意)、龙华民(意)、庞迪我(西)、熊三拔(意)等,他们共译著成书300余种,其中除宣扬宗教的书籍外,有关科技的约120种。而在这120种左右的科学图书当中,"利玛窦、汤若望、罗雅各和南怀仁四人的译著就达75部之多"。⑤

现列举部分明清时期译著的科学书籍,如表2.1所示。

---

① 利玛窦,金尼阁.利玛窦中国札记:上册[M].何高济,等译.北京:中华书局,1983:171-172.
② 钟鸣旦,杜鼎克.简论明末清初耶稣会著作在中国的流传[J].史林,1999(2):60-64.
③ 李廷举,李慎.鸦片战争前后西学东渐的差别[J].自然辩证法研究,1989(5):54-60.
④ 冯天瑜.中国近代术语的形成[M]//中央电视台《百家讲坛》栏目组编.传承的神韵.北京:中国人民大学出版社,2004:182.
⑤ 高华丽.中外翻译简史[M].杭州:浙江大学出版社,2013:44.

表2.1　部分明清时期译著的科学书籍①

领域	书名	译者	备注
天文学	《崇祯历书》②	汤若望（德），龙华民（意），邓玉函（德），罗雅各（意），徐光启，李之藻，李天经等	共137卷，后经汤若望补修，题为《西洋历法新书》
	《远镜说》	汤若望（德），李祖白	
	《寰有诠》	傅汎际（葡），李之藻，等	
	《测食略》	汤若望（德）	
	《新历晓或》	汤若望（德）	
	《天步真原》	穆尼阁（波），薛凤祚	
	《灵台仪象志》	南怀仁（比），刘蕴德	
	《经天该》	利玛窦（意），李之藻	
	《乾坤体义》	利玛窦（意），李之藻	
	《方星图解》	闵明我（意）	
	《民历补注解惑》	汤若望（德）	
	《新法表异》	汤若望（德）	
地理学	《坤舆图说》	南怀仁（比）	
	《海外舆图全说》	庞迪我（西）	
	《坤舆格致》	汤若望（德），杨之华，黄宏宪，等	
	《职方外纪》	艾儒略（意）	
	《西方问答》	艾儒略（意）	
	《万国全图》	艾儒略（意）	
	《地球图说》	蒋友仁（法），李锐，等	该书为蒋友仁《坤舆全图》的别行本
	《地震解》	龙华民（意）	
水利学	《泰西水法》	熊三拔（意），徐光启	
机械学	《远西奇器图说》	邓玉函（德），王征	

① 黄兴涛,王国荣.明清之际西学文本:50种重要文献汇编[M].北京:中华书局.2013.
② 《崇祯历书》经过五次进呈历书,共进呈历书137卷。现将其中汉译西学科技书籍列举如下:《日躔历指》《月离历指》《月离历表》《日躔坛》《五星图》《日躔表》《五纬总论》《水火土二百恒年并周岁时刻表》《日躔考》《五纬历纬指》《五纬用法》《夜中测时》,以上为罗雅各译;《测天约说》邓玉函译;《恒星历指》《交食历指》《交食历表》《交食诸表用法》《交食表》《恒星屏障》《交食蒙求》《古今交食考》《恒星出没表》,以上为汤若望译。

续表

领域	书名	译者	备注
	《自鸣钟表图说》	徐朝俊	后收录于《高厚蒙求》第三集,又简称为《钟表图说》《钟表图法》
军事	《火攻挈要》	汤若望(德),焦勖	后于《火攻秘要》合为一书,亦称《则克录》
医学	《泰西人身说概》	邓玉函(德),毕拱辰	
	《主制群征》	汤若望(德)	
	《人身图说》	罗雅各(意)	
	《西方要纪》	南怀仁(比),利类思(意)	
	《草本补》	石铎琭(西)	
生物学	《狮子说》	利类思(意)	
	《进呈鹰论》	利类思(意)	
数学	《几何要法》	艾儒略(意),瞿式耜	
	《视学》	郎世宁(意),年希尧	将西方焦点透视学引入中国的绘画几何书籍
	《同文算指》	利玛窦(意),李之藻	
	《数理精蕴》	张诚(法),白晋(法),梅毂成,等	介绍西方数学知识的百科全书
	《筹算》	罗雅各(意),汤若望(德),徐光启	
	《比例规解》	罗雅各(意),汤若望(德),徐光启	
	《测量全义》	罗雅各(意),汤若望(德),徐光启	
	《测圆八线表》	邓玉函(德),罗雅各(意)汤若望(德),徐光启	
	《方根表》	罗雅各(意),汤若望(德)	
	《三角算法》	薛凤祚,穆尼阁(波)	
	《比例对数表》	薛凤祚,穆尼阁(波)	
	《比例四线新表》	薛凤祚,穆尼阁(波)	

续表

领域	书名	译者	备注
哲学	《斐录答汇》①	高一志（意），毕拱辰，等	上卷天象、风雨、下火、水行、身体5类。下卷性情、声音、饮食、疾病、物理、动物、植物7类
综合类	《天学初函》②	利玛窦（意），李之藻，等	主要包含天文学和数学
综合类	《空际格致》	高一志（意），伏若望（葡），等	以亚里士多德的"四元素说"为理论基础，内容涉及化学、气象学、天文学、地理学等领域
综合类	《历学会通》	穆尼阁（波），薛凤祚	有研究者称《天学会通》为《历学会通》前身，尚不确定

从表2.1中可知，西方传教士与中国学者在翻译西学书籍时更多地侧重于数学与天文学，而其他领域如水利、机械、医药等书籍却少之又少。同时，出于对传教利益的考虑，耶稣会士们不愿意向中国人介绍有损教会威权的科技新知识。以天文学而论，葡萄牙传教士傅汎际与李之藻合作编译成《寰有诠》，目的是为了让中国的君臣百姓更好地理解天主教教义。书中重点介绍了亚里士多德的"地心说"，而从根本上否定了"地球是上帝特意安排在宇宙中心"的"日心说"则被传教士摒弃。即使哥白尼的《天体运行论》与开勒普的《哥白尼天文学概要》两本书已经传到了中国，也未能经由传教士之手译成汉语。"因为他们担心介绍这些新的理论与方法后，中国人就能挑旧法的毛病，进而对耶稣会士产生怀疑。"③

---

① "斐录"是"斐录所费亚"的简称，即今译之所谓"哲学"，但那时的哲学范围很广，包括今自然科学在内。《斐录答汇》序中提到："极西诸邦课士之典分为六科，理科其一，斐录所费亚是已。"

② 《天学初函》于1628年刊刻。其中共收录入华传教士和中国学者的著作二十篇，分为"理篇"十篇和"器篇"十篇。收入器编的有：《泰西水法》（熊三拔、徐光启）、《浑盖通宪图说》（利玛窦、李之藻）、《几何原本》（利玛窦、徐光启）、《表度说》（熊三拔）、《天问略》（阳玛诺）、《简平仪》（熊三拔）、《圆容较义》（利玛窦、李之藻）、《测量法义》（利玛窦）、《勾股义》（徐光启）、《同文算指》（利玛窦、李之藻）。

③ 詹熹玲.欧洲数学在康熙年间的传播情况：傅圣泽介绍符号数学的失败[A]//数学史研究文集.呼和浩特：内蒙古大学出版社，1990：120-121.

第二阶段:鸦片战争与洋务运动时期。鸦片战争前后,一部分较开明的知识分子意识到西方侵略的威胁,主张改革现状、学习西方长处,随之出现了介绍西方政治、军事、自然等各方面的著作。作为中国"睁眼看世界的第一人",林则徐设立译馆、雇用人员编译并出版介绍西方情况的著作,主要有《四州志》《华事夷言》《各国律制(部分)》等书,并组织摘编有关重炮操作的资料供军队参考。

随着洋务运动的兴起,西学书籍开始被大规模翻译、刊行。该时期最具代表性的翻译机构是京师同文馆与上海江南制造局翻译馆。1862年成立的京师同文馆在首任校长丁韪良的带领下,翻译了众多西学书籍。这一时期翻译的书籍涉及国际公法、外交、世界史、数学、化学、物理、生物学等领域,多用于学校教科书。苏精在《清季同文馆》一书中有如下论述:"以后根据同文馆题名录的记载,到光绪五年时,京师同文馆译著的西学图书,连万国公法在内有十六种;到光绪十三年时增加五种,光绪十九年时新增两种,光绪二十四年新增三种,以上共计二十六种(各年中西合历共计一种)。另据光绪二十八年出版的《增订东西学书录》记载,除上述外还有八种,筹办夷务始末也记有两种,合计已知同文馆出版的译著西学图书,共有三十六种。"[1]其中有关自然科学的书籍列举如下:《格物入门》《化学指南》《化学阐原》《格物测算》《体骨考略》《戊寅中西合历》《己卯、庚辰中西合历》《辛巳、壬午、癸未、甲申、乙酉、丙戌、丁亥中西合历》《天学发轫》《电理测微》《坤象究原》《药材通考》《弧三角阐微》《算学课艺》《天文略论》。[2]

1867年上海江南制造局设立翻译馆,其所译书籍以科技类为主,为军工武器和船舶制造提供技术资料。根据翻译馆主要口译者傅兰雅所著《江南制造局翻译馆史略》一书附录的书目表,计收入已刊译书98部,已译成而未刊者45种,未译全者13种,共计156种。[3]关于当时译书的方式,傅兰雅在《江南制造局翻译西书事略》一文中曾有描述:"至于馆内译书之法,必将所欲译者,西人先熟览胸中而书理已明,则与华士同译,乃以西书之义,逐句读成华语,华士以笔述之;若有难处,则与华士斟酌何法可明。若华士有不明处,则讲明之。译后,华士将初稿改正润色,令合于中国文法。"[4]

现将江南制造局翻译馆所译西学科技书籍汇成表2.2。

---

[1] 陈向阳.晚清京师同文馆组织研究[M].广州:广东高等教育出版社,2004:228-229.
[2] 陈向阳.晚清京师同文馆组织研究[M].广州:广东高等教育出版社,2004:229.
[3] 王扬宗.江南制造局翻译书目新考[J].中国科技史料,1995(2):3-18.
[4] 傅兰雅.江南制造局翻译西书事略[G]//罗新璋,等.翻译论集.北京:商务印书馆,2009:219-220.

表2.2　江南制造局翻译馆所译西学科技书籍①

学科领域	书籍名称	
数学	《运规约指》（三卷） 《微积溯源》（八卷） 《三角数理》（十二卷） 《代数难题解法》（十六卷）	《代数术》（二十五卷） 《算式集要》（四卷） 《数学理》（九卷） 《算式别解》（十四卷）
物理学	《声学》（八卷） 《电学》（十卷首一卷） 《电学纲目》（一卷） 《物体遇热改易记》（四卷） 《无线电报》（一卷） 《物理学》（三编十二卷）	《光学》（二卷附《视学诸器说》） 《格致启获·格物学》（一卷） 《格致小引》（一卷） 《通物电光》（四卷图一卷） 《电学测算》（一卷）
化学	《化学鉴原》（六卷） 《化学鉴原续编》（二十四卷） 《化学鉴原补编》（六卷附一卷） 《化学求数》（十五卷表一卷） 《无机化学教科书》（三卷）	《化学分原》（八卷） 《格致启蒙·化学》（一卷） 《化学考质》（八卷附表） 《化学源流论》（四卷）
天文学	《谈天》（十六卷附表）	《格致启蒙·天文学》（一卷）
矿冶	《金石识别》（十二卷） 《冶金录》（三卷） 《造铁全法》（四卷） 《宝藏兴焉》（十二卷） 《炼钢要言》（一卷） 《求矿指南》（十卷） 《炼金新语》（一卷） 《探矿取金》（六卷续一卷附一卷）	《开煤要法》（十二卷） 《历览英国铁厂记略》（一册） 《井矿工程》（三卷） 《银矿指南》（一卷） 《开矿器法图说》（十卷） 《相地探金石法》（四卷） 《矿学考质》（上下编各五卷）
船政	《航海简法》（三卷表一卷） 《测候丛谈》（四卷） 《船坞论略》（一卷） 《航海章程》（二卷）	《御风要术》（三卷） 《行海要术》（四卷） 《行船免撞章程》（一卷附一卷）

① 王扬宗.江南制造局翻译书目新考[J].中国科技史料,1995(2):3-18.

续表

学科领域	书籍名称	
测绘类	《行军测绘》（十卷首一卷图一卷） 《测地绘图》（十一卷附一卷） 《海道图说》（十五卷附《长江图说》一卷）	《绘地法原》（一卷附图表） 《测绘海图全法》（八卷附一卷）
机械工程	《汽机发轫》（九卷表一卷） 《汽机新制》（八卷） 《艺器记珠》（不分卷袖珍本一册） 《行军铁路工程》（二卷附图） 《工程致富论略》（十三卷图一卷） 《考工记要》（十七卷附图一卷） 《美国铁路汇考》（十三卷） 《汽机必以》（十二卷首一卷图一卷）	《器象显真》（四卷图一卷） 《海塘辑要》（十卷） 《兵船汽机》（六卷附一卷） 《美国铁路记要》（二卷） 《制机理法》（八卷附图） 《考试司机》（七卷首一卷） 《工艺准绳》（不分卷）
工艺制造	《匠诲与规》（三卷） 《造管之法》（一卷） 《造硫强水法》（一卷） 《周幕知裁》（一卷） 《电气镀金略法》（一卷） 《制肥皂法》（二卷） 《电学镀金》（四卷） 《铁船针向》（一卷） 《电气镀镍》（一卷） 《炼石编》（三卷） 《化学工艺》（三集十卷图三集） 《照相镂版印图法》（一卷） 《造洋漆法》（一卷） 《美国提炼煤油法》（一卷） 《染色法》（四卷）	《回特活特钢炮》（一卷） 《回热炉法》（一卷） 《色相留真》（一卷） 《水衣全论》（一卷） 《烷㮠致美》（一卷） 《制油烛法》（一卷） 《制玻璃法》（二卷） 《机动图说》（一卷） 《铸钱工艺》（三卷图一卷） 《取滤火油法》（一卷） 《制属金法》（二卷） 《铸金论略》（六卷图一卷） 《金工教范》（一卷） 《颜料编》（三卷附图） 《机工教范》（一册）
农学	《农学初级》（一卷） 《农务化学问答》（二卷） 《农学要书简明目录》（一卷） 《农学津梁》（一卷） 《农务全书》（三编各十六卷）	《意大利蚕书》（一卷） 《农务土质论》（三卷） 《农务化学简法》（三卷） 《农学理说》（二卷附表） 《种葡萄法》（十二卷）

续表

学科领域	书籍名称
医学	《儒门医学》（三卷附一卷）　《西药大成》（十卷首一卷） 《西药大成补编》（六卷）　《临阵伤科捷要》（四卷附图） 《保全生命论》（一卷）　《济急法》（一卷） 《产科》（不分卷四册）　《妇科》（不分卷六册） 《西药新书》（八卷附中西名目表） 《法律医学》（二十四卷首一卷附一卷） 《内科理法》（前编六卷后编十六卷附一卷）
译名表	《金石中西名目表》（一册） 《化学材料中西名目表》（一册） 《西药大成药品中西名目表》（一册） 《汽机中西名目表》（一册）
其他	1. 这里所录书籍都是由江南制造局翻译馆所译，但未在沪局刊行，而由他处刊行的。 《测候器图说》（一册）　《决疑数学》（十卷首一卷） 《汽学丛谈》（一卷）　《种植学》（二卷） 2. 未刊书 《合数术》（十一卷）　《汽机尺寸》（二册） 《造铁路书》（三册）　《恒星赤道经纬表》（一册） 《燥湿表说》（一卷）　《造船全书》（十册） 《绘画船线》（二册）　《摄铁器说》（一册） 《热学》（二册）　《眼科书》（六册） 《试验铁煤法》（一册）　《造象皮法》（一册） 《石板印法》（一册）　《石板印法略》（一册） 《电气镀金总法》（二册）　《铸铜书》（一册） 《造硫强水法》（一册）　《奈端数理》（三册） 《造汽机等手工》（二册）　《海面测绘》（一册） 《分光求原》（一册）　《测绘器说》（六册） 《植物学中西名目表》（一册）

第三阶段：戊戌变法时期至辛亥革命前。伴随着民族资本主义的发展，资产阶级改良派登上了历史舞台。他们看到日本通过明治维新走上了强国之路，于是提出"变者，天下之公理也"，"变而变者，变之权操诸己，可以保国，可以保种，可以保教"。[①]主要代表人物有康有为、梁启超、谭嗣同、严复等。为了更好地宣传西方知

---

① 张品兴.梁启超全集：第一卷：变法通议[M].北京：北京出版社，1999：14.

识、唤起民族觉醒,翻译图书成为改良派推行主张的主要手段之一。改良派们认为,中国不仅要学西方自然科学,更要学习西方的民主思想、进化论和政治制度,于是翻译西书由自然科技扩展到侧重社会科学方面,涉及西方政治学说、经济学说、教育学、社会学等。戊戌变法失败后,以孙中山为代表的中国民主主义者,积极向西方寻求救国救民的真理。他们宣传资产阶级民主革命与民族思想,编译西方资产阶级革命著作,范围包括政治、经济、哲学、历史、法律、外交等多个方面,如《政治学》《近世社会主义》《社会党》《社会主义神髓》等。

这一时期的译书数量较多。1899年出版的《东西学书录》,收录了1840年以后半个多世纪出版的译著共603种;1904年问世的《译书经眼录》,收录了1900年至1904年间出版的主要译著达533种。社会科学译著有250多种,其中译自日本的321种,占总数的60%。这一时期的翻译虽由中国译者承担,但所译书籍多来自于邻国日本,故这一时期的翻译成果不计入本章的研究范围。

第二节 明清时期西学汉译书籍的科技词汇

西方传教士与中国学者在翻译西方科技书籍的同时,也创造出许多科技新词汇。在这些人当中,利玛窦与马礼逊的贡献最为突出。利玛窦来华近30年,虽"不是第一位进入中国大陆的欧洲耶稣会的传教士,却是第一批入华耶稣会士中间最具历史影响的杰出人物。"[①]他与徐光启、李之藻等中国科学家合译了许多西方科学书籍,如《几何原本》《浑盖通宪图说》等。在华近30年的生活中,利玛窦译著西学书籍共有19种,其中约一半是介绍西方科技知识的。英国传教士马礼逊是西方派到中国大陆的第一位基督教新教传教士,在华25年间他最大的贡献是1823年出版的《圣经》中文译本,在翻译《圣经》的同时他还编纂了第一部英汉对照的大型字典《华英字典》。

现将明清时期部分西学汉译书籍中的科技词汇总汇成表2.3、表2.4。

表2.3 《汉语大词典》收录的利玛窦最早使用过的科技词汇[②]

出处	词汇
《坤舆万国全图》	北半球、北极、赤道、地平线、经线、虚线、地球、度、纬度、木星、火星、水星、土星、南半球、南极、天球、金刚石

① 朱维铮.利玛窦中国著译集[M].上海:复旦大学出版社,2007:1.
② 黄河清.利玛窦对汉语的贡献[J].香港语文建设通讯,2003(76):30-37.

续表

出处	词汇
《几何原本》	点、边、角、推论、直线、比例、钝角、多边形、割线、弧、几何、金星、面、平面、平行线、切线、曲面、曲线、锐角、直角、三角形、四边形
《浑盖通宪图说》	分、刻、秒、时、天狼星、西历、子午线、座、半圆
《理法器撮要》	测量、罗经、面积、体积、阴历、阳历、仪器
《上大明皇帝贡献土物奏》	三棱镜、报时
《西国记法》	数字、枕骨
《乾坤体义》	月球

表2.4 马礼逊《华英字典》中出现的科技方面的新词汇[①]

学科领域	词汇
数学	比例规、单数、单位、度量衡、估量、奇数、立方、球形、水平
医学	堕胎、霍乱、疟疾、受孕、胸骨、眼科、晕船、直肠、止痛、喉榄（喉节）[②]、内肾（肾）、医馆（医院）、包皮、后阴、阴茎、阴毛、阴囊、前阴（生殖器）、肾囊（阴囊）、外肾（睾丸）、阴毛中横骨（耻骨）、精神、手淫、阴物（女性生殖器）
生物学	发酵、灌木、乔木、土蜂、白鸽、臭虫、倒嚼/反草/倒草/反嚼/翻草（反刍）、寄居螺/寄居虫（寄居蟹）、狂犬、海獭、芦荟、水獭、塘鹅、西番莲、卵生、胎生
军事	炮火、炮眼、药线（导火线）、巡船（巡逻船）
物理	天极、北带（北回归线）、寒暑针（温度计）、南带（南回归线）、方向、风化、黑子（太阳黑子）、万花筒、显微镜、宇宙、浑天球（天球仪）
化学	白铅（锌）、焊药（焊剂）
地理	地理图
工业	车床、罗丝（螺丝）
建筑学	书房/书室（图书馆）
纺织业	纺棉、纺纱、纺线、绒、细布、油布、竹布（亚麻布）

表2.3中，单音节词一共有11个，而多音节词49个。这说明，利玛窦在创造科

[①] 黄河清.马礼逊辞典中的新词语[J].或问,2008(13):13-20.;黄河清.马礼逊辞典中的新词语（续）[J].或问,2009(63):63-72.
[②] 括号中为前一个词的现代说法。

技新词汇时,考虑到单音节词具有多义性、部分单词读音相近且不易区分等特点,因而他创制的词汇多数是多音节词,这种做法有利于词汇描述更加精准,更加符合科技知识的特性要求。除此之外,利玛窦还采用了"中心词+词缀"的附加式构词方式,如:阴历、阳历。他熟悉中国人的思维方式,深知汉字作为表意文字的特性,认识到意译比音译更容易被中国人所接受,故而他创制的词汇以意译为主。而表2.4表明,马礼逊在编纂《华英字典》时不仅收录了利玛窦创制的词汇,同时也采用他的构词方法创造出不少新的科技词汇。

第三节 西学东传日本

西学东传日本大致可以分为三个时期。第一个时期是16世纪中叶至17世纪中叶。这一时期,"西学"初到日本。以天主教耶稣会士与葡萄牙商人为主的"南蛮人"搭乘葡萄牙商船来到日本,并通过"贸易传教"的方式,一边与日本人进行贸易,一边传播西方文化。此时期亦称"南蛮学时代"。第二个时期是17世纪中叶至19世纪中叶。这一时期,"西学"逐渐成熟。在"锁国"条件下,日本通过长崎港与中国及荷兰保持贸易往来,以中国为中转站输入大量西学汉籍,从而形成了"兰学时代"。第三个时期是19世纪后期至幕府末期、明治初期。这一时期,"西学"得到迅速发展。当时日本迫于外来压力而选择开国,并开放多个贸易港口,一方面继续通过西学汉籍了解西方、学习西方科技知识,另一方面直接与英法德美等国接触交流,提倡文明开化、改革维新、殖产兴业。① 由此,以"英学""法学""德学"为首的多种"西学"纷至沓来,促成了"洋学时代"的诞生。

一、"西学"初到日本:"南蛮学时代"

1543年8月,一艘搭载着天主教耶稣会士及商人的葡萄牙商船因遇海上暴风雨而漂流到九州地区的种子岛,该岛岛主从葡萄牙人手中第一次获得了铁炮。以此为契机,葡萄牙商船每年都会来到九州与日本人进行贸易往来,史称"南蛮贸易"。当时日本正处于群雄纷争、内乱频发的战国时代,武家政权所维持的中央集权体制趋于瓦解,并被战国争乱中形成的分权体制所取代。由于战乱频发、时局动荡,特别是1467年爆发的"应仁之乱"使得室町幕府所扶助的佛教势力日渐衰落。

---

① 冯玮.概论20世纪以前日本"西学"的基本历程[J].日本学刊,1996(1):110-124.

此外,海上倭寇渐渐猖獗,破坏了中日两国间的"勘合贸易"。这些有利条件为天主教耶稣会士进入日本打开了方便之门。L.L.艾哈迈德曾指出:"在日本,直至十六世纪最后二三十年,一直没有一个有力的权威去阻止外国人进入这个国家。假如葡萄牙商人进入日本某地的要求遭到拒绝,那么他们始终可以期待为另一个地方所接受。事实上,在1587年丰臣秀吉对外国人产生疑虑以前,欧洲人受到了热烈欢迎,因为他们带去了有价值的商品。"[1]在这些商品当中,除了宣扬基督教教义的书籍之外,还包含了大量讲述西方科学技术的书籍。

此时,地方大名和豪强们为了增强实力、扩充财富,急需战略物资,而葡萄牙商船上的铁炮火药等军事器材恰好满足他们的需求。所以,一些大名纷纷同意与葡萄牙商人的贸易,顺带准许或支持传教士们的传教活动。这种借由贸易传教布道的方法取得了极大的成功,使得教会势力发展迅速,天主教的信教人数剧增。

耶稣会在日本的活动不仅限于宗教领域,同时也涉及了日本社会与文化的多个层面。比如在教育方面,耶稣会开设了新式基督教会学校,采取西式教育方法传播西方文化。据统计,1579年后,日本全国的教会附属学校达到了约200所。[2]《日本遣欧使节对话录》中曾对当时的学校课程,有如下记载:"诸学艺分为两大类。第一类是文法学、修辞学、辩证学以及其他有关语言的学科。第二类分为三部分,第一部分研究自然,第二部分研究人伦,第三部分研究超自然。"[3]医学方面,耶稣会士路易斯·德·艾梅达在丰后府内(今大分县)开设了施疗院,第二年开始教授欧洲外科学。泽野忠庵编译的《南蛮流外科秘传书》成为"南蛮医学"的重要组成部分之一。

综上所述,这一时期,日本国内政治动荡、经济匮乏、百姓生活凋敝,耶稣会士借此机会进入日本,开始传教布道。而日本也借由耶稣会士的来日传教,积极吸收西方文化成果,其中也包含了大量的西方科技知识。这些成果及知识为之后"西学"在日本的进一步发展奠定了基础。

二、西学逐渐成熟:"兰学时代"

战国时代后期,日本列岛内部逐渐统一,局势趋于平稳,统治者对教会势力的迅猛扩张开始有所警惕和忌惮。1587年,丰臣秀吉颁布传教士驱逐令,收回长崎。德川家康统一日本后,于1616年颁布禁教令。1633年12月至1639年7月德川幕

---

[1] Ahmed L L. A comprehensive history of the Far East[M].New Delhi:S. chand & Co. Ltd., 1981:245-246.

[2] 冯玮.概论20世纪以前日本"西学"的基本历程[J].日本学刊,1996(1):110-124.

[3] 海老沢有道.南蛮学的研究[M].東京:創文社,1978:16.

府第三代将军德川家光连续五次颁布了以"禁教"和"贸易统制"为核心的"锁国令",从此日本开始进入长达两百多年的"锁国时代"。

然而,西方近代知识的输入并没有因此而戛然而止。主要原因有以下两点:一是日本并未断绝同中国的贸易往来,每月仍有许多中国商船驶入长崎,载入大量物品,其中包括书籍。"根据数种舶来书籍目录记载,其年输入量颇为可观,且其种类不是限于儒学书籍,而是涉及各个方面"[1]"日本人的海外知识,有许多就是通过从上海、香港、澳门等地输入长崎的西学汉籍获得的"[2]。二是通过与唯一获准进出长崎港的荷兰人进行贸易往来,西方科学文化知识仍能借荷兰人之手零散地输入到日本。正因为日本通过荷兰人或荷兰语移植并研究西洋学术,所以这一时代的"西学"被称为"兰学",这其中也包括传到日本的西学汉籍。兰学的内容非常广泛,包括医学、天文学、历法学、地理学、博物学、物理学、化学、兵学、炮术学等各类科技知识。

兰学之所以能够产生,不仅仅是依靠了"南蛮学"所奠定的基础,同样也与日本自身科学文化的发展以及儒学自然观的超克有重要关联。"南蛮学"作为日本吸收西洋文化的初次尝试,它扩大了日本人的视野,并且直接或间接地刺激了后来日本近世科学文化的发展。当然,日本科技文化的发展,也离不开古代亚洲,特别是中国的影响。17世纪后,随着幕藩体制的确立,日本国内地方割据势力拥兵自重的局面已不复存在。战乱平息,百姓生活稳定,农业生产得到很大发展,并带动了手工业、矿业以及商业、城市、交通等技术科学与经验科学的兴旺。在兰学勃兴前的元禄—享保期(1688~1735),以农学为首的矿业、手工业等产业技术科学与天文学、历法、和算、本草、医学、地理等经验科学取得了显著的进步,为日本近代科学的形成奠定了基础。

德川时期(1603~1868),儒家的朱子学占据了日本思想界的统治地位。它主张作为经典的四书五经以及根据朱子所做的解释具有绝对权威,并把作为自然法则的"天道"与用于人伦规范的"人道"看作同一原理,认为现存的一切都是合理的、万古不变的,对自然科学的研究亦是如此。这与西方实证科学精神与研究方法是不相容的,这样的儒学自然观阻碍着西洋学术的移植及研究。后来,古学派中的徂徕学打破了朱子学"天人合一"的自然秩序观,从而使系统地移植、研究西洋学术成为可能。徂徕学的代表人物——荻生徂徕认为由于"后世人不识古文辞,故以今言视古言,圣人之道不明",所以他强调:"当以识古言为要。欲识古言,非学古文辞不能也。"[3]因而他提倡用古文辞学作为研究经典的方法,并得出结论:儒学的本质不外是"先王之道",是古代先王作为的产物,不同于"天地自然之道"。这样一来,就

---

[1] 箭内健次.鎖国日本と国際交流:上[M].東京:吉川弘文館,1988:227-245.

[2] 高橋碩一.日本歴史:近代思想の源流[M].東京:学生社,1974:108.

[3] 李宝珍.兰学在日本的传播与影响[J].日本学刊,1991(2):108-121.

否定了把自然界与人类社会看作是同一原理的朱子学思想,据此把儒学限定在政治学,而把对自然界的研究从其思想体系中解放出来,为全面输入、研究西洋学术开辟了道路,为兰学在日本的发展客观上提供了思想条件。

"兰学时代"的代表人物主要有新井白石(1657~1725)、前野良泽(1723~1803)和杉田玄白(1733~1817)等。新井白石对世界地理学的研究卓有成效,他审讯了违反"锁国"禁令、偷偷潜入萨摩藩屋久岛的罗马教皇厅使节乔瓦尼·巴蒂斯塔·西多蒂,向他打听世界情况,了解到日本在国际环境中所处的孤立状态。为此,新井白石忧心忡忡,对日本国防问题深感不安,从而立志研究世界地理学,写出了日本最早的系统性世界地理学书《采览异言》,并对后来兰学者们的海防论与富国强兵论产生了影响。前野良泽与杉田玄白是兰学的主要创始者,经过3年的努力,他们于1774年翻译出版了《解体新书》。《解体新书》是在承认西洋医学先进性的前提下,直接通过荷兰书籍来研究、移植西洋学术的。因此,它标志着真正意义上的"兰学"诞生了。然而这一时期德川幕府开始实施锁国政策,"西方文化的移植,有直接移植与经由汉籍间接移植这两条通路",①由于当时懂得荷兰语的人少之又少,而汉语对日本人来说更容易理解与学习,所以更多学者选择通过西学汉籍来学习西方知识,因此日本开始大量引进西学汉籍。这些介绍西方文化的西学汉籍传入日本后,很快就被翻译、翻印进而广泛流传,在日本有识之士中引起了很大的震动与反响。不仅成为了日本学界了解、吸纳西学的中转站,也为日本西学以及近代科学的发展奠定了基础。"后来兰学勃兴,中国系统的西洋学术成为兰学的组成部分与体系之一,归于兰学名义之下。"②

三、"西学"迅速发展:"洋学时代"

"洋学时代"是日本被西方列强叩开国门后,以全方位吸收西方文化为标志,在不断走向近代化的过程中形成的。它的形成具有深刻的国际、国内社会历史背景。首先,就国际背景而言,最初要求日本开国的不是当时的第一殖民大国英国,而是美国。因为对于英国来说,日本市场的重要程度远不如印度与中国。这有助于日本摆脱被殖民地化的危机。同时,西方列强之间的矛盾也为日本左右逢源,通过多边外交获取更多利益创造了机会。其次,就国内背景而言,幕府末期,日本的幕藩封建体制已濒临崩溃。据统计,1801年至1867年,日本共发生了1169次农民暴动,③而且暴动多以"改革世道"为口号,这表明当时的农民已经意识到社会变革的

---

① 冯玮.对日本"锁国时代"吸收西方文化状况的历史分析[J].史学月刊,1994(1):74-80.
② 郑彭年.日本西方文化摄取史[M].杭州:杭州大学出版社,1995:70.
③ 冯玮.概论20世纪以前日本"西学"的基本历程[J].日本学刊,1996(1):110-124.

迫切性。除了农民,许多兰学者们也察觉到了世界形势的变化,他们纷纷对幕府政权发出警告,批评锁国政策,并提出重新开国、与海外国家进行贸易往来。

1854年幕府迫于美国的压力,与之签订了《日美亲善条约》。1858年日美两国签订了《日美友好通商条约》,同年日本与荷兰、俄国、英国、法国也签订了条约。以这些条约的签订为标志,日本长达两百余年的锁国体制结束了。在此时期,由于国际、国内等各方面因素的推动,"西学"迅速发展,进入了内容更为广泛的"洋学时代"。日本的知识精英们不仅借助荷兰与中国商船带来的西方科学书籍间接吸收西方知识,同时通过直接翻译英、法、德等国的书籍来学习西方知识,从而形成了以"英学"为代表的新"西学",这一时期亦称为"洋学时代"。

然而这一时期对于当时各地藩校的学生而言,汉译西学科技书籍"不仅是用他们熟悉的中文书写,而且内容更具有启蒙性"[①],所以广受师生们的欢迎,汉译西学科技书籍也得以在当时日本科学教育以及新教育制度的推行中充当重要角色。此外,日本洋学者在翻译西学书籍时,经常借用汉译西学科技书籍中的学术用语与科技词汇。以《博物新编》与《格物入门》为例,"两者为日本物理学的科技词汇翻译提供了重要的参考,不可否认它们对日本物理学的重大影响。"[②]现在使用的"物理""化学"等词极有可能是从汉译西学科技书籍中借用而来的。

第四节　西学汉籍传入日本

如上所述,从17世纪初到19世纪后期,介绍西方文化的西学汉籍传入日本后,很快就被翻译、翻印而广泛流传,在日本有识之士中引起了很大的震动与反响,对日本了解西方文化及维新思想的形成,起到了十分重要的促进作用。

西学汉籍根据西学传入中国的时期大致可分为两个阶段:第一阶段是从16世纪末(明末)到18世纪(清朝雍正帝禁止传教),以利玛窦为代表的天主教传教士及协助他们的中国人合作翻译的书籍,称为前期西学汉籍。内容主要包含宗教及天文、历学、地理、数学、医学等西方自然科技知识。第二阶段是从19世纪初到甲午战争,以马礼逊为代表的新教传教士所译著的书籍,称为后期西学汉籍。与前期西学汉籍相比,后期西学汉籍不仅包括书籍类,同时还包括了期刊、杂志、词典、字典,这其中既有宗教书籍,也有自然科学及部分社会科学书籍。[③]

---

① 新家浪雄.『博物新編』:幕末の自然科学教科書[J].図書,1983(11):60-63.
② 杉本つとむ.近代日本語の成立と発展[M].東京:八坂書房,1998:369-378.
③ 沈国威.近代中日词汇交流研究:汉字新词的创制、容受与共享[M].北京:中华书局,2010:23.

日本进入江户时代后,德川幕府多次颁布以"禁教"与"贸易统制"为核心的"锁国令",使得西学汉籍的传入受到了限制,这其中有关基督教的书籍被严禁输入。为防止这些禁书偷运到国内,1692年幕府在长崎设置书物改役一职,专门调查境外传来的书籍中是否包含基督教的内容,并对调查结果进行记录、撰写报告书。"这些报告书是研究日本江户时期输入书籍的第一手资料。如果这些资料全部留下来的话,就能知道江户时期究竟输入了什么书籍,可是事实上只有少量的报告书存留了下来",①而关于禁书的种类,根据《好书故事》《国禁耶稣书》《御禁书目录》《禁书目录》《西洋人著述禁书》等书目的记载,禁书名单约有56种:《天学初函》《计开》《奇器图说》《畸人十篇》《十慰》《西学凡》《辩学遗牍》《圣记百言》《弥撒祭义》《代疑篇》《三山论学记》《教要略解》《唐景教碑》《七克》《天主实义》《天主实义续》《二十五言》《灵言蠡勺》《况义》《万物真原》《涤罪正规》《表度说》《测量法义》《测量法义异同》《简平仪说》《职方外记》《天问略》《勾股义》《几何原本》《交友论》《泰西水法》《浑盖通宪图说》《圆容较义》《同文算指》(前编、通编)《寰宇铨》《福建通志》《地纬》《天问或后集》《帝京景物略》《西堂全集》《三才发秘》《愿学集》《西湖志》《禅真逸志》《谭有夏合集》《方程论》《名家诗观》《檀雪斋集》《增定广舆集》《坚瓠集》《增补山海经广注》《天学原本》《合掌集》《辟邪集》《西湖志后集》《天方至圣实录年谱》。②

虽然这些西学汉籍被列入禁书,"然而这些书一旦传入日本,在流通上并没有受到太多的阻碍,如艾儒略的《职方外纪》有很多抄本在知识阶层流传,所以这些书仍然是兰学家最重要的知识源泉之一"③。

鸦片战争以后,虽然西学已经传入日本,但是日本朝野对汉学与汉籍的尊崇爱好依然不衰,中国文化在日本知识分子心目中仍然享有很高的地位。日本人为了解世界大势,翻译了大量介绍世界史地政法的中文书籍,如魏源的《海国图志》、徐继畬的《瀛环志略》等。这对启蒙日本知识精英放眼世界、在社会巨变中实现知识进化等产生了重要的影响。

1859年,日本放弃闭关锁国政策后,中国出版的西学汉籍、英华词典等毫无阻碍地传入日本。如英国传教士慕维廉编著的《地理全志》、美国传教士祎理哲编著的《地理说略》、英国传教士医生合信关于人体解剖学的中文译著《全体新论》及以外科医学为主的《西医略论》三卷、中文医学书《内科新说》两卷及关于妇科小儿科医学的《妇婴新说》等;由英国传教士伟烈亚力口译、中国学者王韬笔述的物理学著作《重学浅说》、英国学者林德利原著英国传教士韦廉臣与中国学者李善兰合译的

---

① 大庭脩,王勇.日中文化交流史叢書[M].東京:大修館書店,1996:88.
② 张西平.近代以来汉籍西学在东亚的传播研究[J].中国文化研究,2011(01):200-212.
③ 沈国威.漢字文化圏における近代語彙の成立と交流[J].高知大学留学生教育,2016(10):19-44.

生物学著作《植物学》、由英国传教士伟烈亚力与中国数学家李善兰合译的《数学启蒙》与《代数学》、英国传教士合信编译的综合性自然科学启蒙物《博物新编》、美国传教士丁韪良著《格物入门》七卷、香港英华书院出版的英汉对照的教科书《智环启蒙塾课》等。

此外，外国传教士在中国编辑出版的中文报刊也成为当时日本人获得西洋知识的来源之一。如在香港出版的《遐迩贯珍》月刊(1853~1856)、《香港船头货价纸》(1857~1864)①、在上海出版的《六合丛谈》月刊(1857~1858)、《中外杂志》月刊(1862)、在宁波出版的《中外新报》半月刊(1858~1861)等。②

第五节　日语对科技汉语词汇的借用

语言在接受外来新概念时，大抵有两种方法，即"译"与"借"。③

所谓"译"，即通过本国语言中有意义的语素成分将源语言中的概念移入。而与"译"相对立的"借"又可以分为"借音"与"借形"。"借音"，即通过音转写的方法将源语言的发音移入本国语言，主要发生在书写系统不同的语言，譬如英文中的人名、地名多采用音译法译成中文。而"借形"是指直接借入源语言的书写形式。与"借音"相反，"借形"主要发生在具有相同或部分相同书写系统的语言之间，如英语从法语与德语中借入了大量词汇。当然不同书写系统的语言之间也存在着"借形"的词，现代汉语中的"OK""DVD""CD""KTV"等字母词都是来自英语的"借形"词。而诸如中国、日本等处于汉字文化圈的国家和地区，不同语言之间的词汇借用则是通过采用汉字形式来实现的。③由于汉字是象形文字，因此这种词汇迁移可称之为"借形"。"汉字借形词不可否认地具有跨语言传递意义的特点"，③明清时期中国汉译词在日本的广泛传播就说明了这一点。以下重点围绕《物理小识》《博物新编》《格物入门》等代表性科技著作，具体探讨日语对汉译科技词汇的借用问题。

一、《物理小识》

《物理小识》是中国明末清初重要的科学家和哲学家——方以智前后花费30多年撰写的科学著作。方以智，字密之，安徽桐城人，一生著有《通雅》《物理小识》

---

① 于1861年被日本翻印为《香港新闻》。
② 乐敏.鉴真东渡[M].北京：五洲传播出版社，2005：125.
③ 沈国威."譯詞"興"借詞"：重读胡以鲁《谕译名》[J].或问，2005(9)：103-112.

《药地炮庄》《东西均》《浮山前后集》等20余部著作。其中,《物理小识》是方以智青年和中年时期的作品,原附《通雅》之后,后经其子方中通编辑成书单独发行。书名中的"物理"概指世界上一切事物之理,与现今物理学的"物理"有所不同,从涵义上看,更接近现代的"自然科学"。该书内容既包括了自然科学的知识体系,也包括了自然科学研究的方法与过程。在书中,方以智不仅对中国传统科学进行了总结,也对西方传入的自然科技知识进行了批判性地汲取。

《物理小识》内容丰富,题材类似于沈括的《梦溪笔谈》,以笔记的形式撰写。全书共980条笔记,分12卷15类,其中无类28条,历类22条,风雷雨旸类23条,地类41条,占候类8条,人身类53条,医药类149条,饮食类149条,衣服类38条,金石类99条,器用类113条,草木类114条,鸟兽类106条,鬼神方术类62条,异事类11条。按照现代科学的分类法,其内容涉及天文、地理、物理、化学、生物、医药、农学、工艺、哲学、艺术等多个方面,可以说是中国17世纪的百科全书。[①]

(一)《物理小识》东传日本

《物理小识》内容共17万字,分为十二卷,包括天文、历法、气象、哲学、物理、地理、医学、草木、地理、动植物、饮食等多方面的知识。该书完稿时间大约在1644~1652年,传入日本的具体时间不详。不过从日本首部具有近代意义的医学书籍《解体新书》中发现"汉人中通曰/存中曰"等引述来看,可以推断《物理小识》至迟在18世纪60~70年代已传入日本。需要指出的是,《物理小识》东传日本并不是日本个别知识分子的兴趣爱好或历史偶然,而是在日本调整闭关锁国政策、扩大贸易交流、增进了解东西方科技知识的历史背景下,各方精英参与的结果。

1600年,关原之战获胜后,取得"征夷大将军"封号的德川家康在江户(今东京)确立了德川家的武士集权地位。1603年,日本历史上最后一个,也是最强一届武家幕府——江户幕府(1603~1867)诞生了。这个政权建立之初,延续了1543年以来日本对外交流的宽容政策,如允许基督教传教士传教,保持长崎等开放港口,对外自由贸易,学习地理、造船、绘图、航海等西方新知识,热情欢迎欧洲军火商等。但是,随着西方势力的渗透,只能忠于上帝的基督教教义、基督教徒数量的迅猛增长、贸易规模的不断扩大、每年近20多吨白银的外流,以及西南诸藩借贸易培植势力、威胁幕府政权等现实问题,迫使幕府前三代将军不得不采取了一系列的禁教措施。1633~1639年,第三代将军德川家光连续颁布了5个"锁国令","完全取缔了

---

① 周瀚光,贺圣迪.我国十七世纪的一部百科全书:方以智的《物理小识》[J].中国科技史料,1986(6):41-47.

基督教,不准日本人出国,禁止葡萄牙船只来航,严格控制对外贸易"。①

1716年,纪伊藩主德川吉宗继任第八代将军,这位将军一上任就面临着前所未有的财政危机,为了发展经济、增加收入,吉宗大刀阔斧地推行"享保改革"。其中一项重要措施是鼓励农民种植甘薯等经济作物,理由是这样既增加了额外收入、减轻对稻米的依赖,又能减灾备荒。于是,记载着甘薯、马铃薯等栽培知识的西洋科技书籍在这种政治生态中获得了松绑。1720年,吉宗下达了"缓控禁书令",允许与基督教没有直接关系的汉译科学书籍输入日本。②来自中国的《几何原本》《职方外纪》《泰西水法》《福建通志》《西堂全集》等19部作品被解禁,由此促成了日本兰学的早期草创。虽然无法明确《物理小识》是否获得同等待遇,但却可以推断,《物理小识》得以传入日本应该与这一法令的颁布有着直接的关系。

也有材料证明,《物理小识》的传日时间可能会更早。兰学先驱者、第六代将军德川家宣的宠臣新井白石在其著作《采览异言》中有如下称述:"ワルヘシ。即物理小识云把勒亚是也。其说曰。把勒鱼。长数十丈。首有二大孔。喷水上出。浅处得之。熬油可数千斤。"③这说明,在幕府解禁之前,个别高官或知识分子已通过非公开渠道阅读过《物理小识》了。

宽政二年(1790),第十一代将军德川家齐的辅佐大臣松平定信主张抑制洋学、推行朱子学,要求幕府学堂"昌平坂学问所"的教授内容、官吏选拔考试范围只能限定在朱子学中。为了加强思想管控、稳定统治权威,《海国兵谈》一书被禁止出版,作者林子平被囚禁,兰学派蓬勃的发展势头一时间受到压制,这就是所谓的"宽政异学之禁"。然而,在严厉保守的政治氛围中,《物理小识》虽然记载了不少西洋知识,但却因为作者立足于东西两方的理性态度与哲学思想,以及对大量具体务实的科技知识的阐述分析,受到了幕府统治者的认可与接受,非但没有遭禁,反而在宽政(1789~1801)年后获得了更广泛的传播。

有关该书的输入资料可见于日本国立国会图书馆所藏资料《商舶载来书目》与大田南亩的《琼浦杂缀》、《琼浦又缀》。日本东京工业大学刘岸伟教授做了相关整理,如表2.5所示。

表2.5 《物理小识》早期输入日本部数④

入港年月	部数	备考
宽政十年（1798）	一部一套	

① 麦克莱恩.日本史[M].王翔,朱慧颖,译.海口:海南出版社,2009:36.
② 笠原一男.詳説日本史研究[M].東京:山川出版社,1990:283.
③ 新井白石.新井白石全集[M].東京:国書刊行会刊,1977:826.
④ 劉岸偉.西学をめぐる中日両国の近世[J].札幌大学教養部紀要,1991(39):98.

续表

入港年月	部数	备考
文化二年（1805）		
丑二番船	三部	
丑二番船	三部各一套	
丑三番船	五拾部	
丑五番船	百三十六部各一套	船主：陈国振
丑六番船	百六十四部各一套	船主：孙景云、许锡伦

上述资料表明,《物理小识》运往日本的数量呈猛增趋势。仅1805年,丑二、三、五、六番船就运送了311部,可见其在日本受欢迎的程度。

另外,日本学者海老泽有道曾对江户时期流入日本的西洋书籍进行了调查。根据他的统计,林大学头家、昌平坂学问所、红叶山文库等学校机构收藏了《物理小识》,个人收藏者有新井白石、三浦梅园、山村昌永、大槻玄沢等著名兰学家。

（二）日本兰学学者对《物理小识》的大篇幅摘录与引用

在兰学萌动、草创、发展时期,杉田玄白、大槻玄沢等众多兰学学者的作品中都能看到《物理小识》被大量被引用、模仿、阐发的例证。

《现代汉语大词典》将"引用"定义为"用他人的事例或言词作为根据",目的是使"论据确凿充分,增强说服力,富启发性,而且语言精炼,含蓄典雅"。可见,引用为作者陈述课题、分析问题提供了坚实的支撑与依据。兰学学者们不吝笔墨对《物理小识》的摘录、引用,恰恰说明了这个问题。

表2.6 《物理小识》的引用情况[①]

著者	书名	成立年代	引用类别
西川如見	天文義論	1712	総論
新井白石	采覧異言	1713	鳥獣類
平賀源内	物類品隲	1763	草木類、金石類
小野蘭山	花彙	1765	草木類
杉田玄白	解体新書	1774	人身類、風雷雨暘類
西村遠里	閑窓筆記	1779	人身類
	天経補衍：天学指要	1776	総論

① 劉岸偉.西学をめぐる中日両国の近世[J].札幌大学教養部紀要,1991(39):98.

续表

著者	书名	成立年代	引用类别
三浦梅園	贅語	1789	天類、地類、人身類、風雷雨暘類、占候類
山村昌永	増訂采覽異言	1802	地類
小野蘭山	本草綱目啓蒙	1803	草木類、金石類、天類
大槻玄沢	蔫録	1809	草木類
平田篤胤	霊の真柱	1812	地類
高田与清	松屋棟梁集	1816	風雷雨暘類
佐々木貞高	閑窓瑣談	1816	鳥獣類
大田南畝	南畝莠語	1817	金石類
片山松斎	蒼海一滴集遺稿	1824	総論
滝沢馬琴	兎園小説	1825	人身類、鳥獣類
茅原虚斎	茅窓漫録	1829	草木類
山崎美成	三養雑記	1840	鳥獣類、人身類
野之口隆正	嚶々筆語	1842	暦類
畔田翠山	古名録	1843	草木類、金石類
岡田挺之	秉穂録	1795	鳥獣類

（三）近代科技语言的输入与借用

《物理小识》是中国17世纪有关近代新式科技词汇的重要资料。兰学所使用的译词"宇宙""文理""真理""矛盾""石油""望远镜""体质""发育"等词汇在《物理小识》中均有记载。著名学者杉本つとむ随意在《物理小识》中截取的与近代日语有关的词汇竟多达271条。《物类品隲》是江户时期研究日本物产学的自然科学家，也是著名兰学家平贺源内的代表著作，他在该书中就某一词汇展开讨论时直接标示出"物理小识曰"。被誉为"日本思想史上最伟大的功绩之一"的《解体新书》是日本最早的西洋医学翻译书，它的主要作者是杉田玄白。1826年，杉田玄白的得意门生、著名兰学家大槻玄沢补译并修订《重订解体新书》，在该书"翻译新定名义解"中明确指出在翻译与译语的选择上参考了《物理小识》。①这些"大量用语至今仍充斥在日语中。不仅包括由汉字蕴含的语义，还有支撑（日本人）生活、社会、人性生命、事物之道的用语也俨然存在着。……方以智的这本著述简直可以说是日语的

① 杉本つとむ.近代日本語の成立と発展[M].東京：八坂書房，1998：369-377.

宝库"。①可见,日本近代词汇早在诞生之时便得益于《物理小识》的母体孕育。

表2.7 近代日语中与《物理小识》关联的词汇表②

词汇	引用类别
空中、天文、见识、石油、暗礁、植物、养生、太西（泰西、远西）、蒸馏、火气	天类
天圆地方、赤道、黄道、质测、恒星、岁差、矛盾、臆说、望远镜、视差、远镜、经纬度、日食、月食、地球、自乘、天心、乘除	曆类
满空、湿气、消火、树脂、西洋布、体质、冷气、发育	風雷雨暘类
类推、治水、死海、溺水、潮信、元气、呼吸、贮水、喷水、地溲、地动、相感、空气、地震、水晶、腽肭脐、附子、风土、山市、海市、宝石、文理、沙漠、宇宙、精神、穷理、杀虫	地类
循环、肺管、会厌、食管、脘、贲门、幽门、直肠、筋、汽化、动脉、元气、脉、滋养、人身、络、铜人、好色、阴器、血脉、肾水、膀胱、精气、生物、毛孔、针灸、民生、记忆、脑髓、腋毛、阴毛、膏药、痈疽、毒药、血气、处女、夜啼、小儿夜啼法、失神、中风	人身类
经络、霍乱、咳血、咯血、吐血、点滴、痰血、发热、痰、八味丸、肺病、便秘、烧酒、泻闭、肾虚、筋骨、头痛、咳嗽、解毒、局方、饮食、点眼、按摩、胎毒、毒药、外科、服药、畜病、走马灯	醫藥类上
物体、穷理、发散、药性、金属、石淋、金汁、钟乳、水晶、食料、血滞、骨折、丝瓜、发汗、内服、鸡眼、纸捻、食盐、纸烛	醫藥类下
葡萄酒、密封、白砂糖、顿服、白汤、消化、重汤、半熟、优劣、豆腐、荞麦壳、鸡卵白、饮酒、中毒、南瓜、冬瓜、西瓜、白菜、野菜	飲食类
火浣石、洋来、创制、日本、树脂、单衣	衣服类
镀金、金箔、试金石、净水、儿童、刀剑、白蚁、舶来、蜂蜜、珊瑚琅玕、水晶、金刚石、火药、洋船、解毒、洗眼、积雪、石墨、玛瑙、透明、矢镞、化石、试金石	金石类
金粉、洗发、藏书、有力、蔷薇水、灰汁、蜡封、火浣布、暗室、空气、倒影、视差法、指南、洋船、红毛、洋舫、四阿、测量、剞劂、点灯、火药、火绳、自鸣钟、石脑油、沥青、利玛窦	器用类
早熟、林檎、榲桲、玉肌、圣僧、无害、鸦片、岁时记、接木法、执刀、插花法、杀虫	草木类上下

---

① 杉本つとむ.近代日本語の成立と発展[M].東京:八坂書房,1998:378.
② 杉本つとむ.近代日本語の成立と発展[M].東京:八坂書房,1998:369-377.

续表

词汇	引用类别
伸缩、齿牙、泻痢、败毒散、热病、昆仑奴、媚药、禽兽、神龟、鲨鱼、金鱼、银鱼、丁斑鱼、石首、乌贼、龙骨、食肉、墨死、养蜂、酒糟、毛虫、蜻蜓、斑鸠、秦吉了、解毒汤、牛眼、猎犬	鸟兽类上下
铁浆、端坐、邪气、凭物、杀气、失明、鬼火、不可思议、髑髅、裸体、木工、烧香、透画法、验针法、雷电铁索、写真	鬼神方术类 异事类

二、《博物新编》与《格物入门》

《博物新编》的作者是英国传教士合信。合信毕业于伦敦大学医学专业，后加入伦敦传道会，1839年，他作为一名英国传教医生来到中国，并在澳门经营一家医院。1857年经由香港和广东到达上海后，他一边行医一边用汉语撰写书籍，其中最有名的当属由他编译的《博物新编》。这是一部涉及物理、化学、天文、地理、动植物、机械原理等多学科、内容丰富的科学普及性读物。1855年在广州出版，同年又由上海墨海书馆印行。该书共三集，其中有关物理学的知识主要集中在第一集和第二集中，内容有大气压力及应用、抽气机的原理与构造、空气传声、物质的三态、蒸汽机的原理和结构、光的传播、指南针、透镜成像、电磁铁等。

《格物入门》是美国传教士丁韪良编写的一部重要的自然科学启蒙读本。丁韪良毕业于印第安纳大学长老派神学院，是美国长老会传教士。1850年他来到中国，后担任京师同文馆总教习一职。他著书众多，其中以《万国公法》最为有名。而《格物入门》是他在京师同文馆讲授自然科学时自编的教材，书中内容包括水学、气学、火学、电学、力学、化学、算学等共七卷。其中第一至第五卷介绍物理学的入门知识，第七卷算学涉及物理学方面的计算方法。该书于1868年在北京出版。

（一）《博物新编》《格物入门》东传日本

江户幕府末年日本被迫打开国门后，需要大量吸纳西方先进科技知识。但由于缺乏专业书籍，可供参考的资料只有译自荷兰文的《气海观澜》《气海观澜广义》，以及江户时期传入的汉译西学科技书籍，如《泰西水法》《天文略》《远镜说》《远西奇器图说》等，已无法满足现实的迫切要求。恰逢此时，介绍西方新知的科技书籍——《博物新编》《格物入门》等传入日本，很快便被翻译、翻印而广泛流传，一时间，中国成为日本学界吸纳西方科技的中转站。在当时追求"将西方科学、学术广泛地应用于实践"的主流学派——洋学中引起了很大的震动和反响，对洋学学者们了解西方文化与科技思想产生了积极的助推作用，同时"推动了日本近代科学的发展，对日语中近代汉语词汇的体系构建做出了巨大贡献"。[①]

《博物新编》于安政年间（1854～1859）传入日本，1861～1864年间由开成所训点翻刻，1864年又再次被训点翻刻。据统计，在日本关于《博物新编》的译解、注解、演义、讲义、标注等的书出版了十几种。[②]以此书为参考文本出版的日本近代科学启蒙书数量众多。明治二年（1869）沼津军校将此书用做"书史讲论"课程教材。

1869年，《格物入门》在中国出版后的第二年，日本明亲馆就翻刻出版了本山渐吉训点本，同年还有何礼之助的训点本。1870年日本刊行了《格物入门和解》，由柳河春蔭、安田次郎吉、吉田贤辅、奥村精一等人分别译述水学、气学、火学、电学各卷，至1874年20册全部完成。[③]明治十年（1877）还出版了太田有孚校正的《格物入门和解》7册。

日本学者杉本つとむ曾在《近代日本语的成立与发展》一书中提到："（《博物新编》）在日本物理教科书《物理阶梯》完成之前多次刊印。由此可见，日本当时对该书的需求极大。"[④]"《格物入门》全7册，同治七年出版。第二年日本就出版《格物入门》的训点本（便于一般民众阅读和理解的文本），并将其作为海军学校的教科书使用。"[④]

日本国内各图书馆现存《博物新编》与《格物入门》各版本情况见表2.8与2.9。

表2.8　日本收藏《博物新编》版本及馆藏地一览表[⑤]

书名	刊刻时间	出版单位	日本馆藏地
博物新編，3集	咸丰三、四年（1853、1854）	惠爱医馆	高知县立牧野植物园
官板博物新編和刻本，3集	文久元年（1861）	江户：老皂馆万屋兵四郎	西尾市立图书馆、半田市立图书馆、东京大学、国立公文书馆、宫城县图书馆、东北大学、千叶县立中央图书馆、早稻田大学、京都大学、立命馆大学、关西大学、九州大学、庆应大学、京都府立综合资料馆等

[①] 陳力衛.『博物新編』の日本における受容形態について[J].日本近代語研究4.ひつじ書房，2005：199-217.

[②] 小澤三郎.幕末明治耶蘇教史研究[M].東京：亜細亜書房，1944：213-214.

[③] 小澤三郎.幕末明治耶蘇教史研究[M].東京：亜細亜書房，1944：225.

[④] 杉本つとむ.近代日本語の成立と発展[M].東京：八坂書房，1998：378.

[⑤] 八耳俊文.19世纪汉译详书及和刻本所在目录[A]//沈国威.六合丛谈：附解题/索引.上海：上海辞书出版社，2006：211-214.

续表

书名	刊刻时间	出版单位	日本馆藏地
改正博物新编3册	明治四年(1871)		京都府立综合资料馆
博物新编再刻3册	明治四年(1871)		高知县立牧野植物园、国文学研究资料馆、大阪市立开平小学
博物新编再刻3册	明治五年(1872)	福田氏藏梓，东京：老皂馆万屋兵四郎	酒田市立图书馆、成田图书馆、千叶县立图书馆、玉川大学、早稻田大学、名古屋大学、丰桥市中央图书馆、京都大学、高知县立牧野植物园等
博物新编再刻3集3册			国力国会图书馆、国立公文书馆、宫城教育大学、长崎市立博物馆
博物新编三刻3集3册	明治七年(1874)	福田氏藏梓，东京：老皂馆万屋兵四郎	国立公文书馆、东北大学、玉川大学、东京大学、早稻田大学、日本学士院、筑波大学、国立教育研究所等
增补博物新编，福田敬业，2卷，稿本	明治初期		香川大学
福田敬业英训《增补博物新编》4卷	明治八年(1875)	福田氏藏梓	国立国会图书馆、国立教育研究所、高知县立牧野植物园等
大森秀三《博物新编译解草稿》	幕府末期		香川大学
大森秀三（惟中）译《博物新编译解》3集，4卷	庆应四年至明治三年(1868~1870)	东京：雁金屋	国立国会图书馆、国立公文书馆、筑波大学、东京理科大学、早稻田大学、京都府立综合资料馆、香川大学等
大森秀三（惟中）译《博物新编译解》3集，4卷	明治七年(1874)	东京：青山清吉	国立国会图书馆、筑波大学、京都大学、成田图书馆、高知县立牧野植物园等
石阪坚壮口述、神崎有邻笔记《博物新编纪闻》3卷	明治八年(1875)	备中仓敷黑金舍	国立国会图书馆、玉川大学、冈山大学等

续表

书名	刊刻时间	出版单位	日本馆藏地
石阪坚壮口述、保崎贞笔记《博物新编纪闻拾遗》	明治八年(1875)	备中仓敷黑金舍	冈山市立图书馆
博物新编演义，堀野良平译	明治八年(1875)	尾张犬山町：堀野良平	国立国会图书馆、国立教育研究所、大阪教育大学等
博物新编注解 福田敬业注解，5卷	明治九年(1876)	东京：江藤喜兵卫藏板 东京：雁金屋	国立国会图书馆、国立公文书馆、东京理科大学、半田市立图书馆、神宫文库、弘前市立图书馆
鳌头 博物新编 小室诚一 鳌头，3集	明治九年(1876)	东京：稻田政吉	早稻田大学、横滨市立大学、京都外国语大学、国立国会图书馆等
标注博物新编，安代良辅标注	明治十年(1877)	三府书楼发行京都：河岛九右卫门	国立国会图书馆、国立公文书馆、玉川大学等
博物新编讲义，近藤圭造述，4卷	明治十年(1877)		高知县立牧野植物园、国立国会图书馆、东京大学等
博物新编字引，市冈正一编	明治七年(1874)	东京：旭堂	国立国会图书馆
博物新编字引，成濑悌三郎编	明治八年(1875)	大阪：大野木市兵卫	国立国会图书馆、北野天满宫
博物新编志之利用	抄本		国文学研究资料馆（博物新编全三集的术语解说）

表2.9　日本收藏《格物入门》版本及馆藏地一览表①

书名	刊刻时间	出版单位	日本馆藏地
格物入门7卷	同治七年(1868)	同文馆	宫城县图书馆、东京大学、千叶县立佐仓高等学校、静嘉堂文库、宫内厅书陵部、早稻田大学、冈山大学、高知县立牧野植物园、鹿儿岛大学、国立公文书馆、加贺市立图书馆等

---

① 八耳俊文.19世纪汉译详书及和刻本所在目录[A]//沈国威.六合丛谈：附解题/索引.上海：上海辞书出版社，2006：189-189.

续表

书名	刊刻时间	出版单位	日本馆藏地
增订格物入门7卷	光绪十五年(1889)	同文馆	国立国会图书馆、东京大学图书馆
何礼之助训点《格物入门》和刻本	明治二年(1869)4月		国立公文书馆
本山渐吉训点《格物入门》7卷	明治二年(1869)6月	菊间(上总)明亲馆藏版东京:雁金屋清吉	国立国会图书馆、国立公文书馆、伊达市开拓纪念馆、宫城县图书馆、筑波大学、日本学士院、玉川大学、东京大学、早稻田大学、京都府立综合资料馆、京都大学、杏雨书屋、关西大学、神户大学、九州市立中央图书馆、九州大学、福冈县立图书馆等
柳河春蔭等《格物入门和解》7编、20册	明治三年至七年(1870~1874)	北门社藏版	国立国会图书馆、丰桥市中央图书馆、京都府立综合资料馆、金比罗宫、国立公文书馆、日本学士院2册、东京大学2册、加贺市立图书馆2册等
《格物入门和解》7册	明治十年(1877)	北门社藏版	北门社藏版内阁文库、早稻田大学(太田有孚校正)

上述资料表明,《博物新编》和《格物入门》这两部西学汉籍,在传入日本不到20年的时间里,多次被翻刻、训点出版,可见日本社会对这两部书的需求是相当大的。①《博物新编》被认为是"从幕府末期到明治初期,日本人阅读最多的自然科学方面的入门书籍。"②《格物入门》则在"明治初期曾作为海军学校预科的指定教科书,应用于教学中。"③

(二)《物理阶梯》对《格物入门》与《博物新编》的词汇借用

《物理阶梯》是日本学者片山淳吉编译的物理教科书。主要内容依据美国教育家理查德·格林·帕克的 First Lesson in Natural Philosophy designed to teach the Elements of the Science 等物理学少儿读物。片山淳吉出身舞鹤(京都府北部),后前往江户,在福泽谕吉与箕作麟祥的私塾中修习西学,明治后进入文部省,任职期

---

① 矢島祐利.明治初期に於ける物理学の状態[J].科学史研究,1945(9):36-56.
② 中村聡,谷本亮,市川直子,渡辺洋司.江戸後期より明治初期に至る科学の進歩と科学教育の研究[J].玉川大学学術研究所紀要,2015(21):19-28.
③ 日本学士院編.明治前日本物理化学史[M].東京:日本学術振興会,1963:203-204.

间编写了许多教科书。①《物理阶梯》多次重新翻刻,是明治时期非常重要的一部初等物理学教科书。后经片山淳吉本人重新修订,1876年出版了《改正增补物理阶梯》。

在编写过程中,片山淳吉主要参考了英国传教士合信的《博物新编》、美国传教士丁韪良的《格物入门》以及日本"兰学"书籍《气海观澜》这三本书。《物理阶梯》及《改正增补物理阶梯》中科技词汇的确定,一定程度上得益于《博物新编》与《格物入门》。例如"电气"一词,日本人最早接触电学是通过兰学学者们翻译的书籍。由于当时日本国内没有"电"这一概念,所以兰学学者们在翻译时通过音译的方式,将西方科学中的"电学"翻译成"越歷的里失帝",《气海观澜》中就是这样记载的。片山淳吉在《物理阶梯》中将"电学"的章节命名为"越历论",可见他采用了《气海观澜》的说法。然而一年后他在《改正增补物理阶梯》中参照《博物新编》与《格物入门》,将"越历论"改成了"电气论"。关于这一点,片山淳吉在《物理阶梯》及《改正增补物理阶梯》的题词中曾有提到:②

譯字ハ總テ博物新編、格物入門、氣海觀瀾等先哲撰用ノモノニ従フト雖トモ、或ハ其創見ニ係リ譯例ニ乏シキカ如キ、若シ原語ヲ存シ註譯ヲ加フルトキハ、幼童ノ爲メ亦誦讀ニ便ナラザルヲ覚ユ、因テ姑ク之ヲ填スルニ原語ト相類似スル字ヲ以テシ其欠ヲ補フ

上文译成中文,意为:译词全部遵循《博物新编》《格物入门》《气海观澜》等先哲著作中的词汇。但在这些书籍中,先哲们的见解有时也缺少示例。为了方便儿童阅读、记忆,笔者要通晓原文并为之加注释义,于是暂用与原文相近的汉字译注,以此来弥补先哲们的缺陷。

日本学者杉本つとむ在《近代日本语的成立与发展》一书中也提到:"合信的《博物新编》与丁韪良的《格物入门》在日本明治维新之后才开始广泛使用。不过,两者为日本物理学的科技词汇翻译提供了重要的参考,不可否认它们对日本物理学的重大影响。"③由此可见,《博物新编》与《格物入门》对于日本近代物理学,乃至自然科学方面词汇体系的构建,都有着不可替代的重要作用。现列举《物理阶梯》中与《博物新编》和《格物入门》相关联的词汇见表2.10。④

---

① 岡崎正志.『物理階梯』の編者片山淳吉の生涯[J].科学史研究,1985(2):84-94.
② 片山淳吉.物理階梯[M].文部省編纂,和歌山県翻刻,1872.
　片山淳吉.改正増補物理階梯[M].文部省編纂,和歌山県翻刻,1876.
③ 杉本つとむ.近代日本語の成立と発展[M].東京:八坂書房,1998:369-378.
④ 杉本つとむ.近代日本語の成立と発展[M].東京:八坂書房,1998:345-346.

表2.10 《物理阶梯》与《博物新編》《格物入門》的关联词汇

総論	宇宙
物体論	極微、長短、厚薄、一隅、氷結、金属、化学
物性論	物理、動性、高低、深浅、紙片、水底、尋常、冷氣、凝結、焚燒、直線、動静、動力、麝香、香氣、細小、溢出、空隙、試驗、活塞、波濤、墜下、牽合、顕微鏡、空處、曲管、減少、氣壓、滾沸、変化、牽引、水液、黄金、白金、食鹽、鎚擊、鐵杆
偏有性	相觸、玻璃、銅條、冷水、漸冷、擴充、金類、相附、法馬、秤盤
單動及複動論	対角線、昇降、平行、地平、彎曲
双力運動論	斜行、時辰儀、旋轉、大砲
重心論	重心、定度
運重器、槓杆論	槓杆、重物、數倍
滑車論	滑車、旋轉、輪軸
摩軋論	地面、摩擦、平滑、相接
静水論	本性、壓力、平準、玻璃管、傍壓
水壓論	空虚、水壓、水勢、瓶嘴、窄小、變換、樹膠織
動水論	流動、器用、機関、流通、流水
大氣論第一・第二	大氣、環遶、風銃、水蒸氣、稀薄、物質、玻璃細管、水銀、挿入、沸騰、氣壓、玻璃管、寒暑鍼、風雨鍼、瀉下、滑車
空氣ノ礙性論	泳氣鐘、上壓、氣機筩、上騰、罨、輕氣球、輕氣、巨傘
音響論	玻璃鐘、抽氣機、吸氣管、玻璃罩
音ノ速力論	神速、直射、楕圓形、英國、倫敦府、北亞米利加、喇叭、水氣、乾燥、電光、雷鳴、低聲
温論第一・第二	本原、電氣熱、肉身熱、燒石灰、相擊熱、寶石、流動物、鏡面、凹鏡、凸鏡、張力、歐羅巴
光論（視学論）	鹹水、水晶、透過、太陽、散布
陰影及ヒ光ノ反射論	光線、圓錐形、無質、暗室、物像、弦月鏡、藥劑
照子ノ光ヲ反射シテ物像ヲ映スル法	玻璃、瑩滑、平面鏡、凹面鏡、凸面鏡、大視鏡、小視鏡
各式玻璃鏡光ヲ屈折スル法	望遠鏡、對物鏡、顕微鏡、玻璃鏡
物色及虹霓論	三稜玻璃、曲折、七色、無色、青蓮色、紫色、白色、黄色、紅色、虹霓

续表

總論	宇宙
越歷論（電氣論）	琥珀、摩擦、搖動、雜賦、發動、透入、至輕、傳引、電氣論、電氣
越歷ヲ発生セシムル方法	錫箔、相引、火砲、銅管、銅鉗
越歷ノ作用論及ヒ富蘭克林氏風鳶ヲ放テ雷氣ヲ引キシ話	高塔、避雷器、傳信機、電氣、周圍、究理、滋潤、電光、麻綫、雷擊、銅線
磁石論	磁石、天然磁石、鐵屑、兩極、鐵片、北極、南極、羅鍼盤、赤道、度數、運轉、磁石鍼、偏倚
天體論	恒星、彗星、地球、略論、軌道、轉輪、運行、木星、土星、天王星、行道、金星、火星、自轉、直徑、天文ノ學、圜行、推算
黃道及ヒ獸帶論	天際、日月星辰、羅列、衆星、天文地理ノ學、赤道線、緯度、經度、圈線、記號、循環、黃道
四季論	正圓、周歲、北半球、南半球、春分、夏至、至点、秋分、推測、四季、寒暑、炎熱、冬至、晝夜、日光直射
太陽及ヒ恒星論	大源、發光、繞圍、大望遠鏡、星宿、天文鏡、相合
遊星論	水星、圓缺、相距、天氣、進轉、光環、晝間、分明
日蝕、月蝕、潮汐論	月球、返照、半球、盈虧、遮掩、全蝕、小蝕、交蝕、日蝕、月蝕、暗黑、太陰、潮汐、升降、環海、滿潮、海水、移轉、習慣性、海面、日月、珠那小星、啤拉士小星

（三）日本物理学术语的确立

引进西方科技知识时，如何翻译并确定科技术语成为译者面临的首要问题。日本于1883年成立了审查、修订及统一物理学术语的"物理学译字会"，由山川健次郎、山口锐之助、村冈范为驰等日本物理学家30多人组成。经过数年讨论与商议，1888年出版了日本第一部物理学术语集《物理学术语和英法德对译字书》，其中收录了2000个术语。有研究发现，《物理学术语和英法德对译字书》与《格物入门》两者有很多名词相同或相近，显然前者参照了后者。

表 2.11　汉译《格物入门》与日本《物理学术语和英法德对译字书》术语比较①

现用物理学术语	《格物入門》	《物理学术语和英法德对译字书》
磁石	磁石	磁石
电	电	电
电气	电气	电气
发散	发散	发散
光学	光学	光学
力	力	力
马力	马力	马力
凝结	凝结	凝结
凝聚	凝聚	凝聚
气压	气压	气压
射影	射影	射影
斜面	斜面	斜面
压力	压力	压力
正电荷	阳电	阳电气
负电荷	阴电	阴电气
蒸汽	蒸汽	蒸汽
中心	中心	中心
赤道	赤道	赤道
凹镜	凹镜	凹镜
凸镜	凸镜	凸镜

综上所述，西方传教士的到来打开了中日两国的大门，开启了"西学东渐"时代。此后，医学、物理学、数学、天文学等众多领域的西学知识快速进入中国，使中国近代科学获得了快速发展。而日本西学历经"南蛮学时代""兰学时代""洋学时代"，通过汲取《物理小识》《博物新编》《格物入門》等书籍中的科技知识，在接纳、吸收西方科技时站在了中国这一巨人的肩膀上。西学汉籍中对新事物、新概念的汉语命名与专业词汇的译介，推动了近代日本科学词汇体系的形成，为奔向近代化建设的日本提供了科技表述规则与语言基石。此外，伴随着科技词汇的广泛运用，其所蕴含的理性主义、实证主义等科学思想促成了日本"兰学""洋学"的思想体系构建。在它们的影响下，日本精英阶层突破传统以"经验主义"为主导的认知方式，运用逻辑推理能力理性认识科学，注重科学实验对于知识的验证能力，从而为开启明治变革的新时代奠定了基础。

① 咏梅，冯立昇.《格物入門》在日本的流播[J].西北大学学报(自然科学版)，2013(1):157-162.

需要指出的是,国内学术界对西学汉籍的研究多集中在西学东渐对中国社会、近代化建设以及翻译实践等领域的影响,却很少研究其继续东传对日本所产生的巨大影响。即便有所涉及,也往往关注日本对西方科技知识的直接引入、吸收和举措,认为"江户中期以来日本知识层通过兰学研究,已经大体掌握了西方近代科学的新成果,并诱发出山片蟠桃以大宇宙理论为基础的唯物论与司马江汉的平等主义社会思想及渡边华山的社会变革意识。"[①]因此,如何整体、客观地审视日本近代科技知识的形成,科技词汇等语言规则的导入和发展,重新认识汉译科技成果对日本的启迪、借鉴和助推作用,值得我们进一步地探讨并研究。

---

① 赵德宇.日本近代化溯源:洋学[J].日本学刊,2004(4):136-148.

第三章　近代科技日语的汉语造词

现代汉语词汇体系的建设、构型与近代日语词汇的引入、借鉴有一定的关系。如"社会""关系""影响""抽象""主观""哲学""命题"[①]等日源词汇的导入与吸纳，对译介新事物、解释新概念、建构现代汉语词汇体系起到了重大的补缺作用。不过，在研读此类论文的过程中笔者发现，日源词汇对现代汉语的作用与影响成为学者们关注的重点。如日本关西大学亚洲文化研究中心的沈国威教授及其团队在近代新语、译语研究方面成果丰硕，引人注目。沈国威在他的著作中曾就研究主旨说明："从汉语的立场，以近代以后流入汉语的日语词汇为焦点，考察流入的时期、路径、受容的方法、固定（或淘汰的过程）、词汇的变化以及作为外来语的特异性等。"[②] 基于此，在考察日本近代新汉语的生成与受容、近代日中语义交流等问题时，陈力卫进一步提出甲午战争后，面对日语新名词的大量涌入，"《辞源》《辞海》等近代辞典在处理这一现象时，本应成为我们观察日语新词融入中文的一个指标，但在文化保守主义的大旗下，辞典实际上却采取了一种避重就轻的迂回策略，一方面强调部分日语词的出处，而另一方面则用西文对译的方式消解来自日文的新词、新概念，巧妙地迎合了当时的社会氛围，这种做法也留下了一些隐患"[③]。陈力卫教授的评论表明我们对日语借词的界定工作不够严谨细致，另一方面也示意日语借词的输

---

① 沈国威.汉语的近代新词与中日词汇交流：兼论现代汉语词汇体系的形成[J].南开语言学刊，2008(1)：13-14.
② 沈国威.汉语的近代新词与中日词汇交流：兼论现代汉语词汇体系的形成[J].南开语言学刊，2008(1)：1.
③ 陈力卫.近代辞典的尴尬：如何应对洪水般的日语新词[J].东北亚外语研究，2014(2)：2-9.

入数量可能会更多,影响也更大。

正是通过对以上问题的思考,笔者注意到中日之间有关借词的划分、鉴定问题。有些词通过查找资料,可以判定为日本自创词,如"農作物""肥料""補助金""品評会"等;有些是从中国输入的,如"马力""光学""大气""石油""望远镜"等。但是,还有数量众多的词汇,无法断定其来源出处,如"農村""稲草""腐蝕""田圃""產地"等。这种情况一方面表明近代日语与汉语之间相互环流,形成了你中有我、我中有你的密切关系,另一方面揭示了近代日语自诞生之初,就大量使用汉语构词,形成了与汉语共生相随的命运共同体。

第一节　日本科技语言中的汉语词

上述内容表明,汉语同构是近代以来日本科技词汇的重要表现形式。伴随着西学东渐,日语系统成功运作了一个大规模引介、创生科技汉语词汇并在东亚地区相互迁移的"环流模式",这些词汇彼此的受容与共享,既丰富了中日语的科技词汇系统,又奠定了中日近、现代科技事业的基础。

从词汇的来源角度来看,近代日语词汇可分为和语词(和語)、汉语词(漢語)、外来语词(外来語)以及混种语词(混種語)。和语词,是指日语中固有的训读词汇,表记方式可以是假名,也可以是汉字。如鱼"さかな"也可写作汉字"魚";樱花"さくら"也写作"桜"。汉语词,是指从中国借入的汉语词汇以及日本人利用汉字自创的词汇,大多为音读。如"便利""画竜点睛"及自创词"無慈悲"等。外来语词,是指来自西方语言的外语词汇,近代日语外来词一般用片假名书写。如咖啡"コーヒー"(源自英语)、蒙太奇"モンタージュ"(源自法语)等。混种语词,是指由以上三个词种混合组成的词汇。如凉拌蔬菜"野菜サラダ"、酒精中毒"アルコール中毒"等。[①]

如上所述,汉语词一般包含两类词,一是从中国借入的汉语词汇,二是日本人利用汉字自创的词汇。而最早对"漢語"即汉语词进行更细致分类的是日本学者山田孝雄,他在《国語の中に於ける漢語の研究》一书中把"漢語"的来源归纳为以下四种情况:[②]

1. 通过直接或间接的交往方式而输入的词汇

自秦汉以来,汉字最初从中国大陆途经朝鲜半岛传入日本。汉字进入日本并

---

① 皮细庚.日语概说[M].上海:上海教育出版社,1997:258-274.
② 山田孝雄.国語の中に於ける漢語の研究[M].東京:宝文館,1940:355-452.

普遍流传的时期大约始于东汉。有关资料记载,在日本的长崎、对马、佐贺、福冈、熊本、宫崎、广岛、京都、大阪等地出土文物中,发现刻有"貨泉"或"貨布"之类汉字的中国古代货币。这些货币据考是东汉王莽(公元前45~公元23)执政时期铸造发行的。在此过程中,传入日本的不仅仅是这些货币上的汉字,还包括直接从中国传至日本的物品词汇,涉及动植物、香料、染料、生活用品、药品以及建造技术和工艺等多方面。通过间接交往传入的词汇主要是指实物未曾传入,但其概念通过绘画、器物等载体而为日本人所认识并接受的,如"鳳凰""麒麟"等古代中国神话中的动物名称。

据《日本书纪》记载推古天皇六年(597),新罗上贡给天皇一只孔雀;推古天皇七年(598)百济献上一头骆驼、两头驴、两只羊和一只白鸡;推古天皇二十六年(617)高丽进贡了一只孔雀与一只鹦鹉。以后不断有新品种的物种亦或雕刻、绘有动物花纹的器物与绘画等献给日本天皇,至此日本将这些珍稀动物的汉语名称保留下来,如"孔雀""鸚鵡""駱駝""鸚哥""師子""獅子""狒々"等。其他词汇类别的还有:植物类,如"落花生""椰子""佛手柑""馬花梨木"等;生活用品类,如"印章""筆洗""茶碗""綾子""椅子""扇子"等;染料类,如"丹砂""朱砂""燕支""青黛""空青""金青""白青"等;建筑工艺类则有"楼殿""天井""壇""女墙""柵""塔""食堂"等词。

2. 借助汉学传入的词

据日本《古事记》(712年)中记载日本應神天皇十六年(285年),中国大陆一位叫王仁的博士(汉代执掌图书典籍与负责经学传授之官职)从百济携汉籍进入日本,汉籍包括《论语》十卷、《千字文》一卷等。这是日本皇室引进汉字典籍之滥觞。

阅读与学习汉文书籍是日本获得中国古代文化思想与科技知识的主要途径。这些书籍内容广泛、包罗万象,几乎包揽了经史子集、小说、诗歌等中国文化思想的所有内容,涵盖了天文、历法、阴阳、音乐、美术、医药和农业工业技术等多个领域。以中国典籍《左氏春秋》《晋书》《荀子》《世说》《文选》为例,传入日本并成为日语国语、沉淀固定下来的常用词汇如下所示:[①]

《左氏春秋》:即位、黄泉、凶事、同盟、国家、不敬、文物、衣服、歌舞、官爵、恒星、教训、义士、大义灭亲、无二心者、聪明、城下之盟、觊觎、声明、王室、匹夫、百官、茅屋、来朝。

《晋书》:短小、聪敏、有识、奢侈、累世、体力、嫌疑、死亡、名言、方今、器量、开拓、自然、布告、端绪、意外、事情、职务、休息、流离、骚动、操行、正直、自由、常世、知悉、修饰。

[①] 山田孝雄.国語の中に於ける漢語の研究[M].東京:宝文館,1940,359-399.

《荀子》:学问、高山、怠慢、修身、便利、思索、禽兽、荣枯、道理、容貌、动静、狭隘、成人、诗友、一进一退、大过、贫穷、横行、恭敬、外物、私欲、灭亡、权力、群众、德操、内省、顺风。

《世说》:神色自若、测量、足下、不足、料理、嵯峨、圣贤、平生、周旋、消息、高足、弟子、奇拔秀逸、骨肉、昨夜、释然、佳句、我辈、委屈、宿醉、喧哗、首领、错综、白雪、纷纷、海内、雅致。

《文选》:朝夕、学校、风俗、娱乐、器械、奇丽、丰年、皇统、物产、瀑布、经营、鲜明、时节、生命、指南、梗概、反覆、地势、衣裳、纷纭、世间、弱冠、狐疑、梦想、尺素、先哲、他日、暧昧。

3. 借助佛教书籍传入的词

据史书记载,佛教传入日本始于钦明天皇十三年(552),百济王遣人将一尊释迦牟尼佛像及若干卷经书献给天皇。不过,佛教刚入日本时并没有受到日本皇室与贵族的重视,几十年后,圣德太子执掌朝政,那时日本社会矛盾突出、生产凋敝、百姓生活困苦。处在内忧外患中的圣德太子意识到佛教作为一种先进的、系统的宗教文化,能起到安抚人心、缓解精神痛苦、让百姓安分守己的作用,从而有益于维护社会秩序、巩固统治。因此他大力提倡发展佛教事业,多次下达支持、辅助佛教传播的诏书,并在日本各地兴建寺院。圣德太子本人也是佛教信徒,他潜心研究佛教教义,亲自撰写了《莲华》《维摩》《胜鬘》三经。圣德太子积极推动、以身作则的一系列举措,为佛教在日本的广泛传播与发展奠定了坚实的基础。

圣武天皇时代(724～749),佛教迎来了鼎盛时期。日本积极汲取中国先进的佛教文化,先后20余次派遣唐使以宗教徒的身份来中国学习、研究佛教。其中的著名人物有阿倍仲麻吕、空海等。他们不仅从中国汲取了佛教教义,同时也带回了为数众多的佛经经卷,佛经中的大量词汇也随之传入了日本。这些词语后来融入了日语国语体系中,成为家喻户晓、广泛使用的日常用语。以《法华经》《阿弥陀经》为例:[①]

《法华经》:烦恼、自在、彼岸、果报、我慢、出家、善哉、爱别离苦、驰走、顶戴、罪业、守护、妙法、光明、眷属、人非人、迷惑、差别、常住、未来、所望、利益、救济、解脱、懈怠、下贱、正觉、成佛、无垢、在家、将来之世、礼拜、说法、妙法莲华、难行苦行、经典、安乐。

《阿弥陀经》:大众、无量、寿命、极乐、功德、供养、往生、世间、欢喜、不可思议、五浊恶世、颠倒、世界、众生、微妙、黄金、奇妙、自然、障碍、因缘、一心、不乱、诚实 称赞、一切。

---

① 山田孝雄.国語の中に於ける漢語の研究[M].東京:宝文館,1940,399-441.

4．通过翻译西学产生的汉字词

十八世纪中期，西方殖民者相继以强大的军事力量为后盾，借商品贸易之名，打开了日本的大门。随之而来的西方文化、学术、科技及国际政治经济等知识在日本社会掀起了一波又一波的热潮。有识之士们很快认识到这是一股新的文明潮流，是一种先进的文化形态，从而纷纷加入了学习的阵营。这些系统性的知识技能与研究方法被称之为"洋学"，即西学。正如上述章节内容所讲，西学在日本的传播与发展经历了由兰学蜕变而来的过程，日本学者先是学习荷兰文字与语言以及用荷兰语写作的书籍，包括天文、医学、算学、枪炮等，随后又将目光投向了整个西方世界。与此同时，日本接收并学习西方知识还有另一条途径，即转道中国，通过汉译或中国人撰写的科技书籍达成间接移植的目的。

日本人直接翻译西方书籍的有《蘭學階梯》（大槻玄澤）、《地球略説》（司馬江漢）、《和蘭天説》（司馬江漢）、《解体新書》（前野良澤等）、《植學啓源》（宇田川榕庵）、《舎密開宗》（宇田川榕庵）等，创造的译词有：共和、神経、骨膜、引力、腺、咽頭、門脈、地球、衛星、重力、重心、雰囲気、光線、弾力、繊維、単葉、複葉等。复刻的西学汉籍有：《数学启蒙》《几何原本》《代数学》《博物新编》《智环启蒙》《格物入门》等。通过汉译书籍传入的词汇有：蒸気、望遠鏡、顕微鏡、空気、銀行、雑誌、会社、哲学、文学、物理学、憲法、民法、訴訟法等。

以上四种分类方式主要是从历时性角度对"漢語"的概述，前三项是从中国古代传入的词汇，最后一项则是指江户时代（1600～1868）中后期兰学以及幕末明治时期翻译西学时诞生的新汉语词。据高島俊男[①]考察，日本最早的汉语造词在《万叶集》中已有记载，到平安时代逐渐增多，如"院宣""悪霊""野暮""世話""心中""無茶""家来""粗末""大切"等。不过，这些词的产生"不是由于有意识的创造，而是由于使用过程中所发生的发音、书写、意义等层面的'异变'（在一定程度上可以理解为'误用'）"。[②]这些词由于数量不多，并不构成完整的体系。其实汉语造词的大量出现始于江户时代中后期兰学勃兴之后，明治时期则达到了高潮。如大量表达近代概念的新名词：異常、炎症、感染、血液、顕微、血栓、神経、軟骨、網膜、稀釈、防腐、合剤、酒精、等等。这些汉字词有很多来源于中国的古籍中，有的被赋予新涵义，有的则是在原义的基础上产生了变化。例如，"合理的""相对性""分析法""运动量""发展期""方程式"等造词形式看似与中文语法有密切联系，实则已突破了汉语固有的词义及构词法。这里以"～的"为例，《红楼梦》里写有"为官的，家业凋零；富贵

---

① 高島俊男．漢字と日本人[M]．東京：文藝春秋，2001：106．
② 沈国威．近代中日词汇交流研究：汉字新词的创制、受容与共享[M]．北京：中华书局，2010：68．

的,金银散尽"[1],在汉语里起到代替名词的作用,而日语"合理的""艺术的"一类词中的"的"则用于将前面的词干转化为形容动词。与此类似的还有"性",日本人将梁启超的"人类之普遍性"与《诗经》中的"凤凰之性"同英语中的词尾"～ly"相联系,创造了出"相对性""彻底性"等构词新方式。

第二节 医学汉语词

日本西学是从介绍西方天文、医学、化学等自然学科开始的。"因此可以说自然科学领域的译词,是中日两国近代新生词汇中最主要的部分。"[2]德川幕府后期,日本人积极汲取西方文化,出版了大量自然科学方面的书籍,其中医学方面的书籍为数众多,颇有代表性。这包含以下两方面的书籍:

一、日本人翻译的西方医学著作

1774年,《解体新书》在日本出版,开创了日本人直接研究西方先进科学的先河。1789年,大槻玄泽重新修订了《解体新书》,这本书订正了之前的错误,并且增加了大量注释,为西医学在日本的普及奠定了基础。此后,一大批西方医书被翻译成日语,西医的分支内科、外科、生理学、病理学、眼科、本草学与药学也相继传入日本,它们在日本医学界引起了巨大的反响。1792年,宇田川玄随翻译的《西说内科选要》是第一部把兰医从外科扩展到内科的著作,"这本书浅显易懂,内容主要面向初学者,因而广为流传,深受欢迎。"[3]1825年,大槻玄泽翻译了《疡医新书》,把西方外科临床技术介绍到日本。1830年,杉田立卿翻译《疡医新选》,附录中还增加了《药剂篇》。此外,宇田川玄真翻译的《泰西眼科全书》成为日本医学眼科的第一本著作,在社会上影响颇广。

二、日本人所著的医学书籍

1803年,小野兰山写成《本草纲目启蒙》,这是日本人结合日本本草学与西方

---

[1] 曹雪芹.红楼梦[M].北京:人民出版社,2006:56.
[2] 苏小楠.江户幕府末期及明治初期的科学译词:以化学领域的译词为例[J].日语学习与研究,2009(3):41-46.
[3] 于洪波.日本教育的文化透视[M].保定:河北大学出版社,2003:95.

医学的专著,小野兰山因在本草学方面的成就被称为"日本的林奈"。宇田川玄真于1820年编写完成《荷兰药镜》。1822年,宇田川榕庵著作的《菩多尼诃经》第一次将植物组织理论介绍到日本,弥补了日本此前在这方面知识的不足。1833年他又进一步在《植学启源》中阐述了近代植物学理论,具有较高的医学价值。1805年,宇田川玄真发表专著《医范提纲》,成为日本医学界研究生理学与病理学的发端。1832、1849年高野长英、绪方洪庵分别出版了《西说医原枢要》与《病学通论》,标志着西医生理学与病理学正式登陆日本。

明治时期20年代前后,日本人在自然科学领域编纂、出版了一系列基础学科,包括医学、工学、数学、化学等的术语集,它标志着日语近代词汇体系的初步形成与建立。如大野九十九的《解体学语笺》(明治四年),奥山虎章的《医语类聚》(明治六年),伊藤谦的《药品名汇》(明治七年),野村龙太郎的《工学字汇》(明治二十一年)以及小藤文次郎、神保小虎与松岛钲四郎共编的《矿物字汇》(明治二十三年),藤泽利喜太郎编纂的《数学用语英和对译字典》(明治二十二年,与二十四年订正补增同名)等。其中,《医语类聚》和《药品名汇》可以说是江户幕府末年至明治初年医学药学词汇著作的集大成者,可作为分析并掌握日本近代科技词汇的创生、受容等问题的研究线索与范本。

三、医学汉语词汇的具体表现

首先,在相关单语词、复合词的基础上,创制出大量构词语素,形成医学术语专门意义上的语素群。如:

《医语类聚》

接头型单语词:胃~、黄~、干~、冠~、寒~、外~、含~、眼~、银~、轻~、结~、肩~、腱~、瞼~、下~、原~、股~、硬~、後~、黑~、细~、山~、死~、视~、齿~、膝~、小~、唇~、次~、上~、肾~、精~、赤~、舌~、测~、造~、带~、胎~、苔~、脱~、肠~、软~、脑~、肺~、白~、薄~、脾~、鼻~、不~、副~、夜~、腰~。

结尾型单语词:~疫、~液、~炎、~化、~核、~汗、~管、~癌、~期、~器、~機、~狂、~血、~腱、~下、~口、~孔、~酸、~剂、~室、~症、~伤、~疹、~汁、~术、~状、~垂、~性、~咳、~節、~腺、~素、~層、~体、~椎、~痛、~点、~痘、~道、~毒、~尿、~囊、~膿、~皮、~病、~部、~胞、~膜、~網、~瘤。

接头型复合词:悪性~、胃液~、異臭~、異常~、異体~、遺伝~、咽喉~、飲食~、炎症~、遠視~、塩酸~、嘔吐~、下腹~、化骨~、化石~、踝関~、会陰~、解剖~、潰瘍~、海綿~、角質~、角膜~、拡張~、活体~、括約~、肝臓~、肝胆~、緩下~、緩和~、灌腸~、感染~、顴骨~、環状~、乾性~、乾燥~、関節~、甘性~、串線、~外傷、~外用、~合併、~眼液、~眼花、~眼球、~眼筋、~眼瞼、~眼痛、~眼病、~気管、~寄生、~基底、~規律、~器臓、~稀釈、~急性、~去罨、~去勢、~祛痰、~狂犬、~強壮、~強心、~局部、~筋肉、~筋力、~凝集、~駆虫、~偶発、~群集、~継発、~血液、~血管、~血球、~腱鞘、~顕微、~外科、~解毒、~口内、~甲状、~肛門、~効用、~骨質、~骨髄、~産科、~酸化、~斜視、~手術、~収縮、~小脳、~小便、~消化、~硝酸、~食道~。

结尾型复合词：~異常、~異物、~医学、~嘔吐、~化膿、~過敏、~解剖、~潰瘍、~角膜、~咯出、~感冒、~関節、~外膜、~機能、~凝脂、~系統、~痙攣、~血管、~血球、~血栓、~結合、~結石、~検査、~健全、~呼吸、~交叉、~骨盤、~混合、~鎖閉、~細管、~細胞、~三叉、~指腸、~視力、~脂肪、~失禁、~失明、~手術、~腫大、~出血、~消化、~神経、~診断、~循環、~静脈、~衰弱、~頭痛、~切除、~切断、~腺炎、~潜状、~組織、~息肉、~増多、~脱白、~中毒、~伝染、~動脈、~内障、~軟骨、~妊娠、~膿腫、~破裂、~発汗、~皮疹、~不爽、~不利、~浮腫、~閉塞、~変質、~変性、~麻痺、~無力、~網膜、~薬品、~輸管、~癒合、~良好、~療法。

《药品名汇》

接头型单语词：鉛~、黄~、過~、甘~、乾~、稀~、強~、金~、苦~、硬~、黒~、醋~、三~、山~、酸~、次~、重~、純~、生~、焦~、硝~、青~、赤~、単~、鉄~、吐~、土~、軟~、肉~、白~、半~、米~、野~、熔~、硫~、緑~。

结尾型单语词：~液、~鉛、~塩、~化、~花、~灰、~学、~丸、~菊、~銀、~元、~汞、~膏、~根、~菜、~剤、~醋、~産、~散、~酸、~子、~脂、~実、~酒、~樹、~汁、~水、~性、~精、~石、~屑、~煎、~草、~僧、~粟、~苔、~炭、~泥、~鉄、~豆、~糖、~銅、~乳、~仁、~皮、~苗、~物、~粉、~米、~木、~末、~薬、~油。

接头型复合词：悪心~、益智~、塩酸~、煙草~、燕麦~、黄金~、海塩~、解凝~、緩性~、緩和~、稀釈~、発揮~、強壮~、強烈~、祛痰~、金色~、銀灰~、金盞~、駆虫~、駆風~、結晶~、解毒~、混和~、催眠~、殺虫~、擦油~、酸化~、酸硫~、止血~、滋潤~、耳痛~、収斂~、酒酸~、酒石~、純粋~、滋養~、消毒~、神経~、侵蝕~、水銀~、水楊~、精製~、生肉~、清涼~、脊髄~、石炭~、石灰~、接骨~、喘息~、大麻~、堕胎~、炭酸~、鎮静~、鎮痛~、吐涎~、乳酸~、粘滑~、排泄~、薄荷~、発汗~、発泡~、馬鈴~、番椒~、砒酸~、複方~、不潔~、腐蝕~、扁桃~、硼酸~、防腐~、保固~、麻酔~、無臭~、迷迭~、没薬~、薬剤~、利尿~、硫化~、硫酸~、流動~。

结尾型复合词：~亜鉛、~硫黄、~益智、~塩酸、~灰水、~甘汞、~苦味、~降汞、~硬膏、~合剂、~黑灰、~胡椒、~醋酸、~殺藥、~擦油、~酸化、~重土、~收斂、~酒酸、~酒精、~錠剂、~硝酸、~松脂、~硝石、~衝動、~水銀、~豆蔻、~製剂、~石灰、~煎汁、~蒼鉛、~薔薇、~大黃、~炭酸、~鎮痛、~糖剂、~軟膏、~砒酸、~扁桃、~硫化、~硫酸、~流動。

其次，以语素为核心，形成了术语词汇层，它甚至涉及整个医学层面，包括医学药学领域各个分支学科的词汇，非常具有典型性。笔者不完全统计如下：

剂：白亚混和剂、擦油剂、醋剂、扁桃糖剂、芳香糖剂、橙皮糖剂、阿片糖剂、胡椒糖剂、玫瑰糖剂、芸香糖剂、糖剂、糖剂、阿魏混和剂、複方鉄混和剂、醋水剂、丸剂。

汞：醋酸汞、重蔵化汞、複沃化汞即赤沃化汞、重酸化汞即赤降汞、格魯兒化汞、朱砂即赤硫化汞、猛汞即舛汞、黒酸化汞、過硫酸汞。

煎：幾那煎、大麦煎、依蘭苔煎、槲皮煎、蜀羊泉煎、金雀花煎、蒲公英煎、榆煎、烏華烏爾失煎。

鉄：醋酸鉄、砒酸鉄、炭酸鉄、格魯兒鉄、常幾那鉄、乳酸鉄、含水酸化鉄、赤酸化鉄、過蔵化鉄、硫酸鉄、鉄蔵化鉄、硝酸鉄、燐酸鉄。

鉛：炭酸鉛、硝酸鉛、格魯兒化鉛、乳酸亜鉛、鉛糖即醋酸鉛。

酸：醋酸、安息酸、含水酸、亜硝酸、芳香硫酸、格魯母酸。

精：鹿角精、桂皮精、杜松子精、甘硝石精、薄荷精、酒精。

化：鉄蔵化、酸硫化、骨質肉化、軟化、酸化。

再次，形成固化结构的词汇群。笔者不完全统计如下：

眼科：結膜、角膜炎、眼瞼内翻、眼瞼水腫、内障眼、夜盲、膿眼、倒睫。

病理科：感染、蛋白尿、扁桃体炎、不消化、不妊、脱肛、動脈瘤、痛風、関節通、心動悸、卵巣水腫。

生理学：脂肪、乳房、毛細管、月経、血液循環、胼胝体、十二指腸。

药学：火傷薬、防腐薬、消毒薬、排泄薬、迷蒙水、愈創薬、強壮薬、発汗薬。

第三节　农科汉语词

明治时期，国家在"法制、学制、农制、军制、经济制度、交通通信组织"等六大方面开展重点建设。其中"农制"建设因事关国民生活与生存以及为工业提供原料资金保障等重大问题而成为重中之重。明治五年（1872）日本农民人口占总人口（3311万人）的81.4％，农业是国家最亟待改革、提高科技生产力的部门。由明治政府官办的著名报纸——《官报》专门开辟了农工商栏目，每期都基本占用两个版面介绍有关农业方面的政策、科技信息与新闻等。毋庸置疑,发展近代农业的第一要务是科技的推广与普及,不过学问首先由语言导入,而语言需由词汇表达,因此新式农科词汇的创制、使用与传播成为了这场革命的急先锋,也成为近代科技语言建构的焦点领域与示范标本。

　　基于上述内容,翻译并介绍欧美先进的农科知识是转型传统农业生产方式的第一步,也是必不可少的一项基础性工作,在这股风潮中,官办报纸起到了引领与主导的作用。因此,作者将考察的重点放在了当时最具有影响力的《大日本农会报》与《官报》上,从近代词汇的使用视角对汉语的借用情况分五类进行了概括梳理,即中国借用词、日本自创词、中日同形词、特殊词汇、词缀。中国借用词是指从中国古书、典籍中直接借入且在词汇内涵、外延中注入近代新意的词;日本自创词是由日本人自己发明、创制的新词;中日同形词是指无法考证来源出处且中日两国共同使用的词;特殊词汇是指按照新的构词法,以双音节结构组合的四字词汇或词组。笔者以《大言海》《字源》《广辞苑》《辞海》等中日辞典为依据,参考森冈健二《近代語の成立·語彙編》、杉本つとむ《近代日本語の成立と発展》、罗布存德《英华字典》(1883年、1884年、1906年版),将词汇归纳如下:

　　《明治二十三年大日本农会农谈会报告》(以下简称《农谈会报告》)

　　中国借用词:農事、農家、農時、農産、農政、菜種、耕地、水田、稞麦、選種、洋種、苹果、葡萄、豌豆、勧農、棉、粟、粢、糸瓜、胡麻、晚稲、食糧、胡瓜、籠、笊、犂、唐箕、厩肥、人糞、鶏糞、農具、麻、芋、蜀黍、薄荷、慈姑、魚肉、牛肉、蕎麦、播種、藍、耕作、収穫、秋収、飼養、闘鶏、交趾鶏、播植、繁殖、米糠、開墾、鋤草、刈草、器械、菜園、桑園、養蚕、養蜂、製茶、鶏卵、実験、試験、湿地、実地。

　　日本自创词:特有物産、農閑、農閑期、農園、農田、農工商、農産物、村内地主、稲穂、近江米、大阪早稲、稲作法案、塩水選種、寒水選種、無選土囲種、農家副産物、縄張植、法徳植、朝鮮式蚕室、蚕体解剖、米作、麦作、一毛作、二毛作、模範田、菜豆、農会講師、移植、栽植、同種蕃殖、異種蕃殖、大農、上農、中農、下農、苗代田、雑穀、乾鰮、溜水泥、虫害、病害、陸稲、田植、挿苗、茶部屋、野菜、夏成物、秋成物、農産物、在来鶏、圃作、余暇圃、水産肥料、肥料、人造肥料、堆積肥、顕微鏡、農産物品評会、列品館、機械、農業機械、茶園、藁灰、農学、農業科、農学士、試験田、試験地、試作、試作場、混同農、農家教育、農家収益、農家経済、組合規約、農談会、農会、共進会、農場、農務局、農商務省、農業組合、組織、農学校、水稲名前:神力、四国、白玉、萬作、中村、白苗、高砂、半芒、窒素質、主肥、有機肥料、無機質、大肥、肥料実験、肥料小屋、衛生費。

　　中日同形词:農村、稲草、稲種、蚕豆、良種、早稲、晚種、稲苗、稲作、大豆、小豆、種子、綿種、砂糖、甘蔗、早茄子、中茄子、晚茄子、冬瓜、復耕地、整地、油滓、酒粕、溝泥、飼育、石灰肥、養蚕地、蚕卵紙、荒蕪地、開墾地、栽培地、産地、田圃。

日式词缀：~中、~上、~用、~化、~性。

中日类词缀

结尾型：~費、~料、~金、~額、~税、~米、~産、~地、~田、~糞、~栽培、~肥料、~病、~害、~育、~室、~場、~書、~会、~法、~量、~品、~期、~器、~機械、~者、~家、~員、~業、~生、~種、~類、~表。

接头型：最~、好~、諸~、製~、我~、不~、総~。

明治二十至二十四年官报1094号、1059号、1471号、1564号、1817号、2188号、2402号有关农业术语如下：

中国借用词：灌溉、耕作、実験、発芽、粉砕。

日本自创词：農作物、肥料、水撰、苗代、腐熟、農商務省、農業事務所、食料植物、生草肥、物産共進会、炭疽皮疽伝染病、皮疽病、養蚕伝習所、燐酸分、畜類、窒素、収額、精米場、稲種寒水浸、伝染馬病、品評会、共進会、種苗交換会、試作、農作物、実地調査、地方税、補助金、醤油製造場、味噌製造場、水車機械場、養蚕場、醸造場。

中日同形词：良種、稲草、早稲、耕作物、荒蕪地、場地、貿易品、漁家、腐敗、腐蝕、蚕業、繭種、米商会所。

日式词缀：~上、~中、~用、~性。

中日类词缀

结尾型：~業、~法、~家、~産、~品、~場、~分、~種、~肥料、~栽培、~病、~害。

接头型：諸~、不~。

另外，根据森冈健二编著的《明治期专门术语集》，笔者将物理学、数学、药物学、医学、矿物学、工学等学科的汉语词，分别按照单语词、复合词以及前后置语素单语词、前后置语素复合词的形式进行了汇编总结，具体内容可参照后文。

基于以上材料，我们可以发现大量汉语词汇按照语素群—词汇层—词汇群这一路径演变，逐步形成了体现各门学科专业性、学术性的词汇集群。

第四节　近代科技日语中的汉语造词方法

明治时期以来，日本学者借用、仿造了大量的汉语词来对译源文本的科技概念。如"機械""軍艦""火器""電話""汽車""郵便""哲学""交通""角度""試験"，等等。有关借用方面的内容,第二章已较为详细地探讨过,本节主要就汉语词的创制方法问题展开讨论。参照森冈健二的《近代语的成立——词汇篇》,笔者将日本造词方式大致分类为如下几个方面:

一、用日语中既存的汉语词对译新词

这种方式可视为"老坛装新醋"。即用日语中已存在的汉语词来对译原文,快速调动读者的带入感与理解力,以达到传递信息便捷、阅读通畅、交际效果明显的目的。当然,这类词汇的对译并不完全是一对一的,也有根据实际情况出现的个别错位。同时,由于这些汉语旧词在日本经过长时间的洗涤、试炼,已或深或浅地打上了时代、阶层和社会的烙印。这个"老坛"装的"新醋"也会多少冒出"旧醋"的味道。

表3.1 早期英和辞典中的译词[①]

英和对译袖珍辞书(1862)					
admiral	船大将	statute	法度	vote	発言
homage	随身	viscount	城代	war	合戦
audience	聴聞スル	expense	出銀	commons	凡人
suit	公事	drama	浄瑠璃ノ類	counsellor	評議役
horseman	騎馬武者	violin	鼓弓	representative	名代人
和英语林集成(1867)					
people	町人	society	連中、社中	servant	家来
citizen	町人、人別	representative	総代、名代	ordinary person	凡人、平人
public business	御用	position	分限	received in person	直伝

以早期英和辞典为例,当时的日本学者将"violin"直接对译成"鼓弓"。从内涵上看,"鼓弓"其实是中国北方的乐器——胡琴,与西洋乐器小提琴并不完全一致;从形式上看,译词没有体现出西式舶来品的新意。而"people""citizen"则被译为"町人","町人"在江户时代指的是代表市民阶级的商人、町妓、工匠等,与具有现代含义的人民即"people""citizen"的词义有明显的出入。"連中"在江户时期是指同行的伙伴,"社中"则代表诗歌、邦乐的同门或因此结交的朋友,"society"不仅包含社团、协会、学会的含义,更包含着共同遵守一定的习俗、法律等的特定群体,即范围更广的社会概念。因此,用"連中""社中"来对译"society"显然不合适。

① 森岡健二.改訂近代語の成立 語彙編[M].東京:明治書院,1991:250-251.

二、选取中国典籍中的古语翻译新词

这种行为可理解为"借坛装新醋"。由于受汉文化与汉字、汉语的历史影响,即便到了明治时期,日本人仍然认为翻译西学时的译词必须源于汉文典籍才显得有底气、有权威性。因此,当时的一大批学者们在翻译西方科技书籍时,尽可能引经据典秀汉语,以此博得认可与好评。如翻译家西周在他的译作《致知启蒙》与《生性发蕴》中,就专门为汉语译词标明典籍出处,以确保装"新醋"的"坛子"是传统中国式的,而不是其他器物,以此明确译词的历史依据与合法地位。他创制的785个译词中,有340个注明了典籍来源,如:

観察(列子)、注意(史记)、分類(帐廷珪)、原理(玄理)、演繹(中庸)、空間(管子)、具体(孟子)、現象(实行经)、理性(后汉书)、先天(易经)、後天(易经)等。

另外,高明凯与刘正埮在《现代汉语外来词研究》一书中,列举了67个日本人在翻译西学时利用中国典籍创制的译词,见表3.2。

表3.2 《现代汉语外来词研究》中译词及典籍出处[①]

译词	典籍出处	译词	典籍出处
文学	《论语》	权利	《史记》
文化	《说苑》	檢討	不详
文明	《易》	机械	《庄子》
文法	《史记》	机会	《韩愈"与柳中丞书"》
分析	《汉书》	机关	《黄庭坚诗》
物理	《晋书》	规则	《李群玉诗》
鉛筆	《东观汉记》	抗議	《后汉书》
演说	《书》	講义	《周义讲义》
諷刺	《文心雕龙》	故意	《杜甫诗》
学士	《史记》	交际	《孟子》
艺术	《后汉书》	交涉	《范成大诗》
議决	《汉书》	構造	《宋书》
具体	《孟子》	教育	《孟子》
博士保险	《封氏见闻记等》《隋唐》	教授共和	《史记》《史记》
封建	《诗商颂殷武》	劳働劳动	《白居易诗》
方面	《后汉书》	領会	《向秀赋》
法律	《管子》	流行	《孟子》

[①] 高名凯,刘正埮.现代汉语外来词研究[M].北京:文字改革出版社,1958:83-88.

续表

译词	典籍出处	译词	典籍出处
法式	《史记》	政治	《诗》
保障	《左传》	社会	《东京梦华录》
表情	《白虎通》	进步	《传灯录》
表象	《后汉书》	信用	《左传》
意味	《白居易诗》	支持	《柏梁诗》
自由	《杜甫诗》	思想	《曹植诗》
住所	《苏舜钦诗》	自然	《老子》
会计	《孟子》	手段	《谢上蔡语录》
阶级	《三国志》	主席	《史记》
改造	《通鉴》	主食	《通鉴》
革命	《易》	投机	《唐书》
环境	《元史》	运动	《雨雹对》
課程	《诗》	預算	《耶律楚材诗》
計划	《汉书》	游击	不详
經理	《史记》	惟一/唯一	《书》
經济	《宋史》		

除此以外还有大家耳熟能详的"政治""民主""自由"等词。尽管如此,古汉语与译语的意思仍然存在着差异及错位。如古汉语中的"政治"意为"政事得以治理"。西汉贾谊的《新书大政下》记载:"有教然后政治也,政治然后民劝之。"[①]"民主"指民之主宰者,旧指帝王或官吏。《三国志·吴钟离牧传》有"仆为民主,当以法率下"。[②]而"自由"谓能按己意行动,不受限制。东汉郑玄注释《礼记》谓:"去止不敢自由。"[③]对"自由"一词的解释,表面上看译语与古汉语的意思似乎一致,但其内涵却有本质区别:作为译语的"自由"强调身心不受人限制、行动自由且不妨碍他人的利益。而古汉语的"自由"显然不包含这层含义。其实译者在着手翻译"liberty"时,对选择古汉语"自由"一词是心存顾虑的,但是为了能用传统汉语词对接,不得不采用了这种模糊概念的摹借式翻译法。

三、变形(包括省略、改变读音、词语中字序颠倒或字形变化)

这种做法可理解为"改坛装新醋"。即对"坛子"采取变形或改装等形式来装新

---

① 辞源[Z].北京:商务印书馆,1988:52.
② 辞源[Z].北京:商务印书馆,1988:920.
③ 辞源[Z].北京:商务印书馆,1988:1403.

概念这一"新醅"。也就是说,日本人根据翻译需要,有时运用省略的方法,将一段解释性的文字缩略成一个词语。以《哲学字汇》为例:

  category 範疇 按、書洪範、天乃錫禹洪範九疇、範法也、疇類也
  modification 化裁 按、易繫辭、化而裁之、謂之变
  obscurantism 絶智学 按、老子、絶聖棄智、民利百倍
  unconditioned 無碍 按、心経菩提薩埵、依般若波羅密多故、心無罣碍、無罣碍故、無有恐怖[①]

"范"和"畴"原本在古汉语里分别是"法"与"类"的意思,日本人从一句话中提炼了这两个字来表示能应用于任何事物、最普遍的、哲学的概念。

另外,承上文第一章第二节内容所述,日语中的汉语有三种读音,分别是吴音、唐音与汉音。日本学者利用历史依存优势,出现大量仿音、借音汉语的现象。科技词汇的发音绝大多数采用了吴音、汉音、唐音等传入日本的汉语发音形式。如"機械化"(ki-kai-ka)、"科学"(ka-gaku)、"破壞"(ha-kai)、"異種"(i-syuu)、"農用"(nou-you)、"遺伝"(i-denn)、"粉砕機"(funn-sui-ki)、"受容器"(jyu-you-ki)、"加工器具"(ka-kou-ki-gu)等;仅有极少数词汇仍按和语发音,如:"石摺"(i-shi-zu-ri)、"石茄"(i-shi-na-su)、"青刈"(a-o-ga-ri)等。不过自古以来,从中国传入日本的佛教词语一般按吴音发音,早期的汉学也大多采用吴音。明治维新之后,汉音逐渐占了上风,学者们将过去的吴音改成了汉音,令人耳目一新。以庆应三年(1867年)出版的《和英语林集成》与明治二年(1869年)出版的《萨摩辞书》为例,译词发音比对如表3.3所示。

表3.3 《和英语林集成》与《萨摩辞书》中的译词对比[②]

和英语林集成		萨摩辞书	
尊敬	sonkiyo	尊敬	sonkei
男子	nan-shi	男子	danshi
女子	niyo-shi	女子	joshi
决定	ketszjō	决定	kettei

需要指出的是,由于不同学者新造的汉语词不尽相同,且处于各自使用、尚未统一的时期,故而会出现同一外来语有多个译语并存的情况。其中,词语中字序颠倒或字形变化是最为常见的形式。以早期的英和词典为例,将当时的旧译词与现在使用的新译词进行对比。

---

① 森岡健二.改訂近代語の成立　語彙編[M].東京:明治書院,1991:254-255.
② 森岡健二.改訂近代語の成立　語彙編[M].東京:明治書院,1991:256.

表 3.4 《和英语林集成》与《萨摩辞书》中的新旧译词对比①

英语	英和辞典中的旧译词	现在使用的新译词
字序颠倒		
account	筭計	計算
delusion	謬誤	誤謬
discord	争競	競争
distractedly	暴乱	乱暴
lesson	程課	課程
deportation	搬運	運搬
derivation	来由	由来
melancholic	鬱憂	憂鬱
comfortable	安慰	慰安
字形变化		
comfortably	愈快	愉快
notion	理会	理解
pill	濫妨	乱暴
dephlegmate	蒸鎦	蒸溜
meeting	聚会	集会
detonate	破烈	破裂
suggestion	暗告	暗示
unmeltable	鎔解シ難キ	溶解

通过对比我们可以看出，旧词与新词存在着一定的差异，且状态不够稳定，经过时间沉淀与实践试炼，大多数词发生了词序或字形变化，最终演变成为今天的模样。

四、借用中国的汉语译词

上文第二章已较为详实地论述了日本借用中国汉语译词的情况，这里不再一一赘述。据笔者查阅资料显示，幕末明初日本出版的科技书籍中多有借用、参考中国西学汉籍的，具体对应如表3.5所示。

---

① 森冈健二. 改訂近代語の成立　語彙編[M]. 東京:明治書院,1991:257.

表3.5　日本出版科技书籍与中国西学汉籍的对应关系

中国西学汉籍	日本出版科技书籍
《坤舆万国全图》（利玛窦、李之藻）	《采览异言》《西洋纪闻》（新井白石）
《物理小识》（方以智） 《医学原始》（王宏翰）	《解体新书》（杉田玄白） 《重订解体新书》（大槻玄泽）
《生物总论》（不详）	《动物学》（田中芳男）
《算法统宗》（程大位）	《尘劫记》（吉田光由）
《武备志》（茅元仪） 《纪效新书》（戚继光）	《兵要录》（长沼齐）
《平三角举要》（梅文鼎）	《割圆八线互求法》（佚名）
《博物新编》（合信） 《格物入门》（丁韪良）	《物理阶梯》《改订增补物理阶梯》（片山淳吉）

明清时期的中国译词传入日本后，一直以高频率态势活跃在日语中，显示出很强的生命力。森冈健二通过对江户幕府末年、明治时期、大正时期出版的辞书分别进行比较，较为直观地显示出19世纪中至20世纪初新旧汉语词的使用状况。

表3.6　各时期辞书中的旧汉语与新汉语的数量对比①

词典	堀（1862）	柴田1（1873）	柴田2（1882）	岛田（1890）	井上（1915）
旧汉语	126	232	294	360	428
新汉语	49	130	162	434	687
共计	175	362	456	794	1115

表3.6中的"堀"，指堀达之助等于文久二年（1862）编纂的《英和对译袖珍辞书》，可反映幕府末期日语中各类词语对比状况。"柴田1"，指柴田昌吉、子安峻明治六年（1873）合纂的《附音插图英和字汇初版》；"柴田2"，指柴田昌吉、子安峻明治十五年（1882）合纂的《增补订正英和字汇第二版》，反映明治初中期日语中各类词语对比状况。"岛田"，指岛田丰明治二十三年（1890）纂译的《增补订正和译英字汇第三版》，反映明治后期日语中各类词语对比状况。"井上"，指井上十吉大正四年（1915）编《井上英和大辞典》，反映大正年间日语中各类词语的对比状况。

表中显示，从幕府末期堀达之助编纂的《英和对译袖珍辞书》到大正四年井上十吉编纂的《井上英和大辞典》，旧汉语与新汉语的数量都在不断地增加，其中旧汉语所占比例虽整体有所下降，但其总量仍呈上升趋势，且始终占有相当高的比例，这表明中国明清时期的译词对日语近代词汇的建构、型化和推广起到了极为重要

---

① 森冈健二.改订近代语の成立　語彙编[M].东京:明治书院,1991:247.

的作用。

五、汉语造词

上述创制新词方法的共同特征是在不同程度上加工已存在或曾经存在过的汉语词。当对旧词敲敲打打、改造一番后，仍无法填补翻译空白、满足译语需要时，日本人不得不撸起袖子开始自己的造词活动。

首先，早在江户幕府末期，一些文人就曾尝试过使用本土语言——"和语"去翻译西方文字。有学者①指出，佐贺藩领主大庭雪斋在他的翻译小册子《民间格致问答》中，对汉字译语大都加上了"和语"读音，整体上形成了口语化的文体风格，比如"温気"（あたたまり）、"望遠鏡"（とほめがね）、"顕微鏡"（むしめがね）、"凹面鏡"（なかくぼかがみ）、"時規"（とけい）等。清水卯三郎在《ものわりのはしご》中也使用了和语翻译。如"おほね"（＝元素）、"まじろひもの"（＝化合物·混合物）、"ためしくだ"（＝試験管）、"せうちう"（＝アルコール），等等。但这些词后来并没有获得认可而流传开来。究其原因，仅从造词功能的角度来看，"和语"相较于汉语显然处于弱势。"因为，汉语中的每个字都具有独立的意思，它本身不存在词尾变化这样的性质，同时它又能与其他字相结合组成新词。"②

语素是语言形式不可分割的最小的语言单位，是词语最基本的构成要素。语素的大量对译表明汉日科技语言的构词基本形式是可以互通的。上文提到的接头单语素、接头复合语素、结尾单语素、结尾复合语素等是词汇意义的主要承担者，构成了中日语言、语义成分的共同部分，为明确术语意义，正确传递、固化语义信息创造了前提条件。如近代科技日语逐渐形成了新式语素固化形式，如"～法、～类、～学、～说、～体、～病、～现象、～作用"等，分别喻指"妥当的行为规则""共同特征事物""研究领域""意见、主张、学说""作物组织器官""造成作物体征异常现象的概念命名""作物生长变化过程中的所表现的外部形态""对作物产生的影响、效果"等核心意义，在学科特征上以对其概念意义进行阐释和限制。同时，结合"～形、～型、～化、～性、～中、～用"等构词法，对性质、形状、状态、用途等进行限定修饰；使用SOV式语序结构作为词汇的新构成方式，创造出"葉面吸收、卵管切除、酪農経営"等汉语词汇。

其次，利用语素拼接新词。兰学时期，翻译家们把荷兰语按照语素拆分，每个语素对应一个汉语语素，最后将汉语语素直接拼接成新的译词。齐藤静在《荷兰语

---

① 吉田東溯．訳語の問題：外来語[M]．东京：日本文化庁，1976：51.
② 王鸣．日本明治时期汉字译语考略[J]．外语研究，2011(6)：56-59.

对日语的影响》这本书中将此法称之为"直译",如下所示:①

agter(後)-hersen(脑)＝後脑
braak(吐)-worter(根)＝吐根
bload(血)-stem(石)＝血石
zout(塩)-zuur(酸)＝塩酸
blind(盲)-darum(腸)＝盲腸
been(骨)-vlies(膜)＝骨膜
bol(球)-worter(根)＝球根
warter(水)-stof(素)＝水素

这种造词方式与日本过去标注汉语训读读音类似,对于日本人来说轻车熟路,运用起来可谓得心应手。兰学时期运用此种方法创制出的科技词汇非常多,以至于到了明治时期,不少译者干脆将英语等外语直接对译兰学译词。如下所示:②

been 骨|vlies 膜＝periosteum 骨膜
binde 結|vlies 膜＝conjunctiva 結膜
gehoor 聴|zenuw 神経＝auditory nerve 聴神経
gele 黄|vlek 斑＝yellow spot 黄斑
hoorn 角|vlies 膜＝cornea 角膜
kleine 小|hersehen 脑＝cerebellum 小脑
moeder 母|vlek 斑＝mather's mark 母斑
opper 表|huid 皮＝epidermis 表皮
bloed 血|steen 石＝blood-stone 血石
elle 尺|been 骨＝ulna 尺骨
gezichts 視|zenuw 神経＝optic nerve 視神経
helsche 地獄|steen 石＝lunar caustic 地獄石
harde 鞏(強)|vlies 膜＝sclerotic 鞏膜
mieren 蟻|zuur 酸＝formic acid 蟻酸
net 網|vlies 膜＝retina 網膜

而这一造词方法在明治时期继续被沿用推行,如:coordinate(座標)-axi(軸)＝座標軸、right(直)-line(線)＝直線等。各个词根之间还可进行不同组合的搭配,共同组成一个个新词。以藤泽喜太郎《数学用语英和对译字书》中的坐标、轴、直和线4个词根为例,我们可以发现围绕这些词根组建的相应词汇群,详细情况如表3.7所示。

---

① 森岡健二.日本語と漢字[M].東京:明治書院,2004:119.
② 森岡健二.改訂近代語の成立　語彙編[M].東京:明治書院,1991:402.

表3.7 《数学用语英和对译字书》中的"坐标""轴""直"与"线"为词根的词汇群[1]

- 座標
角（angular）-座標、面積（area）-座標、極（polar）-座標、切（tangential）-座標、三線（trilnear）-座標
- 軸
中心（central）-軸、共軛（conjugate）-軸、斜(oblique)-軸、長（major）-軸、短（minor）-軸、相似（similitude）-軸
- 直
直-角（angle）、直-錐（cone）、直-三角形（triangle）、直-擤（cylinder）
- 線
曲（curved）-線、斜(oblique)-線、中（median）-線、垂（perpendicular）-線、平行（parallele）-線、首（initial）-線

以上"直译"法的运用需满足两个条件：一是词语拆分后的语素已有对应的汉字；二是用于由两个及以上语素组成的词语。没有既存汉字的对应语素来创制新词时，日本学者采用了对原语意义直接解释的方法，齐藤静将其称为"意译"。如单语素词，aders-静脉、bier-麦酒、bekkneel-頭蓋骨、gleidel-導体、equivalent-等価、esten-銅版図蝕鏤法等。由两个及以上语素构成的词，bleek（青ざめた）+zucht（ためいき）-萎黄病、donker(暗い)+kamer(部屋)-写真機、goede（良き）+geleider（導くもの)-好導体等。

六、用汉字表记外来语

15世纪末至16世纪初，欧洲进入大航海时代。1543年，葡萄牙人远渡重洋，坐船来到日本种子岛，揭开了日本与西方接触交流的历史篇章。葡萄牙人在与日本人进行贸易的同时还进行传教活动，将西方的许多新鲜事物、知识与文化传授给日本人。为了记录、表示这些外来事物与概念，日本学者们便想方设法利用汉字与片假名进行标注。因为当时的日本深受中国汉学文化的影响，知识分子具备很高的汉学素养与汉字能力，加之汉字同时具有表音和表意两种功能，因此在表达外来语方面非常有优势。

汉字表记外来语主要有两种方式，一种是仿照万叶假名，利用汉字作为单纯的表音符号表记外来语，如"castella→加須底羅（カステラ）"；另一种是意译外来语，再用片假名标注读音，如"cambodia→南瓜（カボチャ）"。

1612年，由于忌惮西方天主教势力，日本幕府颁布禁教法令，并逐渐走向锁国状态。锁国期间，日本幕府只保持着与中国、荷兰之间的贸易关系。1720年，第八

---

[1] 森岡健二.日本語と漢字[M].東京:明治書院,2004:120.

代将军德川吉宗提倡实学,下达"洋书解禁令",允许与宗教无关的荷兰语书籍传入,并派人学习研究荷兰语,兰学就此兴起。随着兰学的盛行和锁国体制的进一步瓦解,日本了解与学习的对象由荷兰转变为整个西方。在此过程中,日本吸收、引进了许多科学专业术语,外来语数量也急剧增加。表记方式延续了吸收源于葡萄牙的外来语,使用汉字表记单纯音译及意译。汉字作为单纯表音符号的有:electricity-越歷、kali-加里、coffee-珈琲、gum-護謨、france-法、pound-磅、gas-瓦斯、soda-曹達、colera-虎列拉、tincture-丁幾、borax-砂、antimony-安質母尼、aluminium-安律密紐母、America-阿美利加等。意译用片假名标注读音的有:タバコ-煙草、ビール-麦酒、ガラス-硝子、シャツ-衣、パン-麵麭、ウォッカ-火酒、サボテン-仙人掌、ハンケチ-手巾。

除此之外,笔者参考了森冈健二编著的《明治期专门术语集》,内容涉及医学、药学、物理学、矿物学、数学与工学等多个领域。笔者从中筛选、归纳出以下汉字表示的外来语词汇。其中,医学与药学术语的外来语数量最多。例如:

医学类:rheumatism 僂麻質斯、raphania 刺發尼亞、pimenta 耶麻依加椒、asparagus 天門冬、alcohol 亞兒哥爾、anisum 亞泥子、arnica 亞兒尼加、mucilago acaciae 亞剌比亞護謨漿、morphia 謨兒比涅、maranta 阿羅根、phosphas soda 燐酸曹達、angustura 安倔斯默刺、hidrohyra 暗厄利亞發汗熱、epithelium 英昆的留謨。

药学类:antimonium 安質蒙、chromic acid 格魯母酸、conscrva 昆設兒弗、crocus sativus 雜夫藍、chocolate 知古辣、tamarind 荅麻林度、lactucarium 底里荅幾私。

数学、物理学、矿物学与工学中的外来语大多用片假名表示,有少部分使用汉字音译,如:turquois 土耳其玉、hyacinth 風信子石、jodargyrite 沃土銀等。

第五节 科技汉语词汇的术语集合

词汇是语言中词的集聚和汇总,而词是各种语言材料——语素的组合体、构成物。一个语素构成的词是单纯词,亦称之为单语词;两个或两个以上语素构成的词谓之合成词。从广义上看,合成词亦是复合词,即词的复合物,由两个或两个以上的词构成。狭义上看,由词根和词根合成的复合词,如:"朋友、火车、立正、照相机";由词根加词缀合成的叫派生词,如"子、儿、头、阿"等前后缀+语素,构成"桌子、花儿、木头、阿姨"。[①]

术语是特定领域表述特定概念且意义单一的词。反映在科技领域，是指表述科技概念或范畴，应用与传播知识属性的词汇。较之词汇，它更能体现专业性、确定性和规范性。科技术语的大量出现和聚集往往表明，该科技领域语言基础已然形成，人们可以用之表述对科技现象、规律的理解、分析和评价。故而，可以说汉语词汇在科技日语领域的规模化术语表现，拉开了建构近代日语的第一幕，也为日语的近代化变革打下了先行基础。正是基于以上认识，笔者根据森冈健二、高野繁男、山口仲美、日向敏彦、盐泽和子、松冈洸司、汤浅茂雄等人编写的《明治期專門述語集》，按照物理学术语、数学术语、矿物术语、药品术语、医学术语、工学术语六大类，查找、剥离出大量符合规范的单语词和复合词，然后按接头、结尾型进行梳理、分析，并努力尝试将科技日语术语汇总如下：

一、物理学术语

单语词

嬰、円、音、角、感、極、劍、散、式、軸、実、心、図、正、線、層、像、損、体、台、点、度、得、熱、能、秒、負、風、分、変、法、棒、膜、面、率、量、零、歙。

接头型单语词

陰、円、過、角、感、行、金、銀、弦、剛、軸、重、小、常、静、線、全、体、第、单、短、長、対、等、熱、半、不、副、複、法、棒、本、無、面、陽。

结尾型单语词

円、音、角、学、管、器、機、儀、鏡、計、光、算、軸、室、車、尺、重、術、所、狀、場、上、心、図、数、性、泉、線、像、帯、台、点、度、熱、能、瓶、風、物、法、棒、盆、面、樣、率、量、力、零。

复合词

圧縮、圧力、暗線、息像、位相、一軸、一樣、一極、鋳鉄、引力、運転、運動、永久、影響、液化、液体、遠心、延性、応用、音階、音楽、音叉、音程、温度、階級、解釈、廻転、和音、楽音、加減、化合、加重、仮説、火線、火面、感応、関係、寒剤、観察、感易、干渉、勘定、慣性、頑性、観測、気圧、機械、機関、気候、気象、規則、気体、気発、逆変、吸収、求心、吸熱、境角、共関、凝結、凝固、凝聚、凝霜、共軛、協和、極限、虚像、距離、近眼、近算、金属、金属、空気、遇然、偶力、屈折、傾角、計算、係数、形勢、螢石、結果、結晶、原音、研究、原子、原子、現象、原素、原則、原理、合音、効果、光学、交換、光球、合金、

[①] 森冈健二.明治期專門述語集1-6卷[M].東京：有精堂,1985.

高下、光軸、剛性、合成、光線、構造、剛体、交通、高度、黒線、黒点、誤差、固体、混合、細隙、最小、最大、差音、鎖蓋、作用、三脚、暫時、残像、算用、仕方、時間、試験、時刻、仕事、示差、視軸、事実、磁石、自然、実像、質点、湿度、質量、自動、射影、斜面、自由、重学、周期、収差、収縮、重心、重力、収斂、縮脈、瞬間、順序、蒸気、誕抛、上戸、常数、焦線、焦点、衝突、蒸発、焦面、蒸溜、初角、色球、燭光、真空、進行、振動、振幅、心俸、吹管、水晶、錘直、水平、数様、砂図、静止、正軸、性質、成績、精密、整理、石塩、赤温、赤道、斥力、絶縁、接触、接線、絶対、全一、潜熱、噪音、譟音、匝線、装置、相当、挿入、側心、束線、測定、速度、組織、疎波、台板、大気、対重、大洋、楕圓、堕落、単位、単一、短音、単原、弾性、断熱、弾力、遂次、中心、中立、長音、張力、調和、貯蓄、対流、定義、抵抗、定質、定常、定点、定律、定量、適応、電気、展性、伝達、伝導、天然、天秤、等圧、等温、同音、道具、等傾、等時、等色、同心、透明、当量、等力、時計、度盛、度量、南光、軟体、軟鉄、二軸、熱色、熱学、熱車、熱線、燃焼、燃料、能率、陪音、倍率、波及、白温、発散、発出、発熱、波動、波面、馬力、破裂、半音、半径、反射、反動、比較、比重、比熱、雹顆、氷河、氷結、氷山、標準、表図、氷点、風計、風船、不易、輻射、輻射、復水、符合、符合、附着、物質、沸騰、分解、分極、分散、分子、噴出、分性、分析、分銅、分配、平均、平面、変位、変化、変更、変衰、変数、変則、変動、方位、方向、膀胱、放射、膨張、方法、飽和、補正、北光、摩擦、見角、密度、密波、明言、明線、鍍金、面電、網膜、融解、溶解、要件、容積、余色、雷根、ランビキ、立積、流出、流星、流体、両眼、力学、力計、力積、理論、燐光、悁力、列並、連続、露点、和風、圧力計、子午線、不協和。

接头型复合词

圧縮、圧力、一本、雨量、運動、円錐、音響、温度、廻転、解水、角度、化合、加速、感応、関係、間歇、干渉、観測、寒暖、気圧、記音、幾何、機械、気候、気象、已知、球形、吸収、球状、凝結、凝固、共軛、金属、空気、遇然、屈折、傾角、計算、結晶、原子、顕微、高温、光学、合成、光度、功能、効能、最高、最大、最低、砂糖、作用、自記、示差、磁石、地震、実験、実体、湿度、写真、斜線、重力、収斂、瞬間、蒸気、象限、焦点、衝突、蒸発、指力、真珠、人造、水圧、水銀、錐面、数重、晴雨、正弦、正切、精密、整理、静力、赤道、絶縁、接触、切線、絶対、漸近、相当、側心、体積、楕圓、単位、単一、断流、地平、中斜、中心、直線、直角、通底、抵抗、電気、電信、伝達、伝導、伝話、等高、等時、投射、等色、等速、等変、動力、時計、二重、二本、日本、熱量、倍重、発散、反射、反対、反動、比較、比重、非常、百色、標準、表面、沸騰、物理、不滅、分光、分散、分子、平均、平行、方位、貿易、望遠、膀胱、放射、抛射、包心、膨張、補整、摩擦、密度、無究、毛管、毛髪、融解、螺旋、落下、立体、流体、流動、両高、両低、力学、越歴舎密、越歴分解、十文字、電気舎密、電気分解、等加速、等減速、百分度、不可入、複屈折、不等速、平太陽時、抛物線。

结尾型复合词

压力、運動、音階、温度、化学、加速、楽器、機械、器械、機関、距離、屈折、現象、減速、光学、格子、光線、五音、誤差、鎖蓋、三音、四音、仕掛、磁石、七音、湿度、重学、収差、焦点、水晶、束線、速度、単位、弾性、定位、電気、等速、透明、当量、動力、時計、度量、二音、人形、能率、八音、半径、反射、比較、部分、分解、分析、方位、膨張、飽和、補正、摩擦、鍍金、融解、容量、力学、力計、連続、蠟燭、六音、圧力計、運動学、越歴学、越歴計、加速度、感応器、寒暖計、気象器、屈折計、屈折性、弦運動、顕微鏡、子午線、湿度計、晴雨計、静力学、単一振子、伝信法、電信法、伝導体、伝導物、動力学、二項式、熱量計、貿易風、望遠鏡、毛管現象。

二、数学术语

单语词

一、陰、影、円、凹、解、割、脚、急、球、極、群、形、傾、月、限、弦、原、孤、高、拱、行、根、残、軸、尺、重、縮、準、純、秤、証、商、昇、小、図、正、節、線、尖、組、素、増、続、躰、体、大、台、短、長、答、濤、南、反、比、秒、幅、分、冪、辺、補、法、傍、面、約、優、利、率、量、列、劣、和。

接头型单语词

又、円、仮、基、逆、求、球、原、公、恒、混、錯、次、自、実、斜、主、重、縮、術、昇、小、垂、数、斉、正、積、切、総、双、鎗、雑、帯、単、直、定、同、二、反、半、日、非、被、不、複、分、閉、変、無、名、優、余、掠、劣、連。

结尾型单语词

位、円、縁、解、角、学、器、金、形、計、径、券、元、項、高、号、根、差、枝、式、乗、心、図、錐、数、節、線、尖、族、帯、躰、體、体、大、台、題、帳、賃、的、点、度、塔、人、盤、比、表、辺、片、補、法、棒、面、率、量、暦、論。

复合词

為換、緯線、緯度、位置、一次、一乗、一張、因果、因子、因数、引数、陰伏、鋭角、永続、液量、会得、円規、円形、円欠、円周、円錐、液算、液習、延長、円壔、凹角、横縦、横截、応用、外角、外項、外心、外接、階級、階乗、会合、解式、解析、解説、解方、海上、回転、開方、角錐、角度、角壔、格段、加号、加増、加法、火災、火線、過剰、仮数、仮設、仮定、仮約、画惜、画法、割引、割線、括弧、貨幣、元金、元利、関係、勘定、函数、完全、幾何、器械、奇解、奇数、奇点、奇冪、規矩、規約、起源、記号、記法、紀根、紀数、紀法、基数、基線、基点、擬数、軌跡、既知、既約、岐点、逆算、弓月、級乗、級数、球状、球面、求長、求積、九点、九九、距角、距離、夾角、共軛、極円、極径、極限、極示、曲線、極北、曲面、曲率、虚根、虚式、虚量、帰来、金数、均度、偶数、偶冪、矩形、屈折、区点、計算、形式、傾斜、係数、径度、結果、結末、結論、源因、原理、減号、減数、減法、限周、嶮点、券面、乾量、交易、交切、航海、高角、高度、合金、合計、合資、合成、合組、合点、合同、勾股、公差、公通、公倍、公比、公理、口銭、広通、降冪、広量、虚空、黒板、後項、誤差、弧度、五法、五面、孤立、根数、混和、截口、截取、截頭、截面、座標、三角、三進、算用、四角、四進、四次、四乗、四則、四倍、思議、指数、十進、視点、斜尺、循環、循理、小円、乗号、昇冪、常用、属比、除号、数学、正割、正号、正失、精密、積量、切線、扇球、扇形、前置、双曲、相似、匪線、鎗尖、測量、組添、対極、対称、対数、対蹠、第三、第四、代数、太多、太陽、楕円、多角、多項、多線、多辺、多面、単位、単式、単数、単比、単法、単利、短期、弾性、逐次、地平、注意、中間、中心、中数、中末、超越、長球、調和、直線、直立、直角、定限、定理、停止、天底、同一、同次、同初、同心、同末、同名、同類、等角、等脚、等号、等差、等周、等大、等比、等冪、等辺、頭角、橙形、東西、導来、独立、突点、鈍角、内角、内項、内心、内接、内擺、七角、二項、二次、二重、二乗、二進、二素、二直、二張、二倍、年金、配景、倍数、倍量、擺線、配置、売買、幕数、破線、入面、発散、波面、半円、半球、半径、反円、反曲、反算、反射、反心、反積、反対、反転、反比、範式、比較、比号、比例、尾添、微分、百京、百分、百万、表示、表図、表面、非理、不可、不充、不尽、不足、不定、不等、不同、不変、不名、不量、複意、複滅、複号、複式、複数、複素、複比、複法、複利、付言、負項、負号、負数、符号、符合、普通、部分、分解、分子、分数、分析、分点、分配、分母、平価、平均、平行、平方、平面、冪数、変曲、変号、変数、変分、片長、方位、方形、方程、法維、法線、法則、傍心、傍接、豊数、抛物、補角、補間、補弦、補助、補題、補補、輔助、保険、母線、本初、末項、無窮、無限、名数、命題、命名、勿論、問題、約数、約分、優角、優弧、優比、有限、有名、有理、輸数、要件、容積、容量、拗面、余角、余弧、余数、余失、羅針、羅盤、螺線、螺旋、卵形、利益、利子、利息、立体、略記、略符、隣角、隣辺、類似、累積、類別、例題、劣角、劣弧、劣比、連乗、連積、連続、六角、論議。

接头型复合词——无

结尾型复合词——无

三、药品术语

单语词

亜、液、鉛、艾、薑、銀、桂、鯨、醋、柿、蛭、樟、錠、錫、煎、桑、葱、茶、鉄、銅、米、楡、燐。

接头型单语词

鉛、黄、過、甘、桿、乾、稀、強、薑、金、苦、汞、硬、黒、醋、三、山、酸、次、重、純、生、焦、硝、青、赤、蔵、単、鉄、吐、土、軟、肉、白、半、礬、米、野、榆、熔、硫、緑。

结尾型单语词

英、液、鉛、塩、化、花、灰、殼、学、蔻、離、丸、菊、薑、銀、元、汞、香、膏、頒、根、菜、剤、醋、産、散、酸、子、脂、実、酒、樹、汁、薯、浸、水、性、精、石、屑、煎、草、僧、粟、苔、炭、泥、鉄、豆、糖、銅、乳、仁、礬、皮、苗、物、粉、米、木、末、薬、油、葉、蠟。

复合词

亜鉛、阿魏、阿片、亜麻、硫黄、茴香、益智、塩酸、煙草、鉛糖、燕麦、王水、黄精、黄蠟、遠志、榲桲、芥子、海葱、欟皮、海綿、家猪、甘汞、甘剤、芫菁、甘草、眼薬、肝油、寄生、牛胆、薑浸、強水、魚膠、御柳、錦葵、銀朱、苦瓜、芸香、鯨脳、下薬、拳参、紅花、降汞、硬膏、鉱酸、膠質、皓礬、五加、黒汞、殻酒、黒松、糊剤、胡椒、胡桃、琥珀、枯礬、胡麻、糊薬、醋剤、醋酸、醋酒、石榴、擦剤、砂糖、佐薬、散剤、酸漿、酸模、藤黄、舐剤、蓍草、使薬、爵金、麝香、車前、脂油、鞣酸、朱砂、酒剤、酒精、酒母、蒸剤、錠剤、硝酸、醸酸、松脂、焼酒、硝石、縧虫、小麦、菖蒲、醸母、商陸、食塩、稷麦、蔗糖、浸剤、西瓜、水銀、瑞香、睡菜、水楊、精剤、銀粉、錫粉、石灰、石鹼、茜根、茜草、山楝、洗薬、蒼鉛、蔵銀、蘇木、鼠李、大黄、大蒜、大葱、大麦、大麻、蛇根、単膏、蛋白、丹礬、丁香、嚔薬、鉄酒、鉄屑、鉄蔵、鉄粉、澱粉、橙皮、糖密、杜衡、吐根、吐薬、南瓜、軟膏、乳剤、乳糖、人参、粘剤、殻薬、白堊、白鉛、麦芽、白薑、白桂、白芷、麦奴、白糖、白蠟、蜂蜜、薄荷、発泡、番椒、砒石、粥箇、畢撥、蓖麻、秘薬、葡萄、扁桃、硼砂、硼酸、芒硝、牡蠣、玫瑰、蜜剤、蜜蜂、明礬、綿馬、猛汞、毛茛、木醋、木炭、没薬、榆煎、溶液、洋芹、羊脂、龍葵、竜骨、硫酸、龍脳、緑礬、燐酸、蠟膏、莨菪、鹿角、緑青、磠砂、露水、萵苣、阿没勃、蜀羊泉、猪殃々。

接头型复合词

亜鉛、阿魏、悪心、阿仙、阿片、亜麻、安息、硫黄、偉効、依蘭、引赤、茴香、益智、塩酸、煙草、燕麦、黄金、罂子、黄色、遠志、海塩、解凝、芥子、海葱、開達、欟皮、海綿、火傷、苛性、煆製、家猪、葛縷、過半、緩下、含水、芫菁、緩性、甘草、含嗽、緩和、稀釈、起熱、発揮、恭菜、薑脂、強壮、強烈、局発、袪痰、金色、銀灰、金雀、金盞、枸櫞、苦瓜、駆虫、駆風、芸香、鯨脳、桂皮、結晶、纈草、解毒、降下、香竄、口中、胡椒、胡荽、姑息、胡桃、琥珀、混和、彩粧、砕石、催嚔、催眠、醋酸、酢漿、醋水、醋蜜、石榴、殺虫、擦油、酸化、酸硫、次亜、止血、刺衝、地獄、滋潤、歯痛、耳痛、瀉利、獣骨、蓚酸、収斂、酒酸、酒石、峻下、純粋、滋養、獐牙、硝酸、松脂、硝石、消毒、醸膿、小麦、焦木、消疣、蒸溜、滌州、神経、真珠、真純、尋常、侵蝕、水銀、水浸、水素、水楊、豆蔻、醒覚、醒喚、清血、青汞、制酸、清滌、精製、生肉、清涼、赤色、脊髄、石炭、石脳、石灰、石鹼、接骨、洗浄、喘息、蔵化、挿置、桑仁、蒼白、草綿、双鷺、蘇合、第一、大黄、大蒜、第三、大麦、大麻、堕胎、炭酸、注腸、丁香、鎮痙、鎮静、鎮痛、沈澱、通経、鉄蔵、癲癇、点眼、唐花、橙花、橙皮、糖密、糖煉、吐涎、吐下、独用、吐根、杜松、南瓜、乳酸、乳汁、粘滑、排泄、白堊、白鉛、麦奴、巴豆、薄荷、発汗、白屈、発泡、馬鞭、馬鈴、番椒、絆創、汎発、飛燕、砒酸、弱篦、蓖麻、百薬、猫愛、楓脂、複方、不潔、腐蝕、沸騰、葡萄、芬香、米産、変質、扁桃、防燃、芳香、硼酸、蓬子、防臭、防石、防腐、保固、没食、牡蠣、玫瑰、麻酔、密陀、無臭、迷迭、迷朦、綿馬、木鱉、没薬、野桜、薬剤、癒創、楡皮、孕鱇、利水、利乳、利尿、硫化、龍牙、竜骨、硫酸、流動、龍脳、緑礬、憐酸、麗春、糯斗、茛菪、鹿角、鹿蹄、礦砂、礦鉄、礦銅、喜望峯。

结尾型复合词

亜鉛、阿魏、亜砒、阿片、硫黄、益智、塩酸、黄連、芥子、灰水、海葱、榭皮、下腹、甘汞、甘草、強壮、苦味、纈草、汞丸、合歓、降汞、硬膏、合剤、黒灰、胡椒、牛蒡、根皮、細辛、醋酸、殺薬、擦油、酸化、舐剤、麝香、重土、収斂、酒酸、酒精、酒石、将軍、錠剤、硝酸、松脂、硝石、衝動、水銀、水素、豆蔲、製剤、石礦、石灰、石鹼、煎汁、蒼鉛、蔵化、蔵酸、薔薇、大黄、大麻、炭酸、窒素、鎮痛、糖剤、橙皮、豆餅、糖煉、吐根、杜松、軟膏、乳清、白桂、蜂蜜、薄荷、礬土、砒酸、砒石、泌別、沸騰、葡萄、扁桃、包摂、密陀、木醋、木香、没薬、沃化、硫化、硫酸、流動、龍脳、憐酸、蠟膏、礦砂、夏枯草。

四、矿物术语

单语词

鉛、塩、金、銀、酸、晶、色、水、錐、錫、雪、鉄、砒、氷、密、面、稜。

接头型单语词

宇、雲、鉛、煙、塩、黄、火、瓦、介、灰、塊、角、褐、肝、貴、輝、偽、韮、金、銀、硅、血、月、絹、古、紅、硬、縞、膠、黒、砂、細、雑、山、紫、地、磁、斜、臭、銹、重、燭、針、水、翠、錐、正、青、石、赤、接、旋、粗、曹、束、苔、対、濁、炭、単、団、地、重、泥、鉄、填、透、陶、橙、同、銅、毒、軟、二、日、乳、白、半、斑、礬、板、砒、氷、不、複、糞、餅、補、方、泡、毛、盲、木、黝、陽、葉、雷、藍、硫、菱、稜、緑、燐、鱗、簾、臘。

结尾型单语词

位、一、鉛、塩、華、灰、学、器、挟、鏡、玉、金、銀、鉱、根、砂、軸、質、絨、晶、條、錐、性、石、体、炭、柱、鉄、土、銅、板、木、面、率、粒、力、鱗。

复合词

亜鉛、暗明、硫黄、異常、隕鉄、暈色、雲母、映像、鉛丹、黄玉、黄土、灰華、外摸、化石、角銀、角石、仮晶、霞石、滑石、岩塩、甘汞、完面、輝石、擬晶、基面、凝聚、共出、玉髄、銀髄、空晶、屈光、硅泡、蛍光、蛍石、血石、欠面、原体、膠状、硬玉、硬士、光軸、光沢、糠石、皓礬、紅砒、鉉物、黒炭、琥珀、紺石、散介、霰石、山乳、山皮、試薬、軸角、軸色、軸率、紙炭、蛭石、磁鉄、磁力、射影、錫砂、斜軸、赭土、重晶、重石、聚力、主軸、晶群、晶系、晶軸、晶質、晶水、晶簇、晶帯、條痕、硝石、沼鉄、蝕像、地蠟、針鉱、辰砂、水銀、水晶、吹管、燧石、翠礬、辷面、青玉、正軸、石英、石絨、石髄、石精、石炭、石墨、石綿、石油、石理、石灰、石鹼、石膏、赤礬、楜鉱、接晶、遷色、扇石、層殻、挿入、体角、対称、卓石、沢鉄、打痕、断口、短軸、弾性、胆礬、長軸、長石、地蠟、梯面、鉄腎、当価、銅華、銅黒、銅藍、湯垢、豆石、毒砂、毒石、内型、内構、軟玉、熱散、熱導、粘土、礬土、砒華、砒酸、比重、非晶、微晶、庇面、複塩、輻石、斧石、沸石、分散、劈開、碧玉、偏光、変色、硼酸、硼砂、芒硝、包体、包滴、抹條、明礬、鳴塩、瑪瑙、毛塩、雄黄、葉炭、熔度、卵石、裏孔、緑玉、緑砂、緑土、緑礬、燐光、燐銅、瑠璃、臘炭、六面、六角、六方、彎面。

接头型复合词

亜鉛、圧起、異極、異質、異剥、溢晶、鋭錐、鉞石、鉛黄、鉛紺、塩化、黄輝、黄鉄、黄榴、温石、灰曹、灰泥、灰鉄、蓋皮、鵞管、花崗、褐鉄、頑火、換質、干渉、肝臓、橄欖、輝鉛、球面、魚眼、玉滴、金紅、菫青、金毛、空晶、孔雀、屈折、苦士、硅灰、硅線、硅藻、鶏冠、経済、顕晶、顕微、絹布、玄武、膠塊、鋼玉、鈜物、高嶺、紅榴、五角、古銅、金剛、棍状、根状、柘榴、左右、珊瑚、三斜、三色、試金、試硬、字形、脂光、四十八、四分、四面、砂金、車骨、斜軸、斜方、蛇紋、舎利、蓚酸、十字、十二、重晶、集片、樹脂、消光、城址、薔薇、植物、針状、真珠、靭皮、水鉛、水灰、錐形、青憐、正軸、正方、星状、星葉、石筆、接面、繊維、閃光、潜晶、蒼鉛、葱臭、双晶、鎗状、測角、第一、第三、第二、対称、大理、多色、淡紅、炭酸、短軸、単斜、蛋白、中性、長軸、重片、脹膜、直線、鉄灰、電気、天青、銅紅、等軸、同質、同帯、透入、肉紅、二十四、二色、熱起、粘着、粘土、濃紅、濃緑、波及、玻璃、白雲、白鉛、白鉄、白金、八面、八角、反射、礬土、砒硫、皮殻、百部、不灰、普通、葡萄、偏光、偏方、変質、変性、方解、方面、方黝、硼酸、硼砂、蜜蠟、明礬、無焔、摸形、摸樹、陽起、螺状、藍光、卵状、硫鉛、硫酸、硫銅、硫砒、粒状、両極、菱形、緑砂、緑柱、緑泥、緑銅、緑礬、類質、瀝青。

结尾型复合词

亜鉛、硫黄、異構、異像、異性、異大、雲母、鉛鉱、塩銀、黄玉、黄石、温石、灰石、化学、化石、仮晶、仮像、霞石、滑石、乾酪、橄欖、輝石、玉髄、銀鉱、屈光、屈折、蛍石、血石、原子、膏風、黒炭、柘榴、酸鉱、霰石、磁鉄、射影、砂粒、赭石、赭土、重石、晶系、晶軸、晶石、硝石、鐘乳、色性、色圜、針鉱、辰砂、水銀、水砂、水晶、錐面、青玉、石英、石塩、石髄、石炭、石灰、石鹼、石膏、楜石、閃石、蒼鉛、双晶、双体、柱石、柱面、長石、滴玉、鉄鉱、鉄砂、銅鉱、同像、陶土、透熱、毒砂、二像、乳石、泥土、白鉄、白金、礬土、砒鉱、庇面、冰晶、沸石、餅土、碧玉、偏光、方石、宝玉、硼酸、芒硝、泡石、包体、明礬、瑪瑙、硫塩、菱鉱、緑玉、緑泥、緑礬、瀝青、簾石、卤石。

五、医学术语

单语词

啞、胃、液、円、火、窩、痂、髁、踝、角、革、核、肝、管、環、芽、艾、蓋、顎、眼、癌、飢、吃、脚、球、頰、胸、橋、金、筋、瘧、銀、溪、脛、頸、欠、穴、血、肩、腱、股、孤、糊、口、孔、溝、腔、湟、岬、骨、左、砂、酢、枝、柿、屎、死、屍、歯、脂、嘴、虱、室、酒、小、掌、傷、踵、尻、唇、痔、錠、腎、水、膵、髓、声、臍、石、咳、節、栓、腺、舌、箱、窓、叢、蔥、足、对、胆、大、痴、膣、肘、紐、腸、頂、枕、痛、底、滴、銕、頭、桃、糖、訥、毒、肉、尿、熱、脳、囊、爪、跛、肺、背、皮、脾、鼻、腹、皰、片、法、蜂、味、密、網、盲、藥、右、疣、痒、癢、癲、卵、梨、瘤、淋、裂、鎌。

接头型单语词

胃、黄、仮、廻、干、冠、寒、外、含、眼、銀、軽、結、肩、腱、瞼、下、原、股、硬、後、黒、細、山、死、視、歯、膝、小、尻、唇、次、上、腎、精、臍、赤、舌、測、造、带、胎、苔、脱、膣、肘、腸、内、軟、肉、脳、肺、白、薄、馬、脾、鼻、不、副、夜、腰、翼、硫。

结尾型单语词

鞍、衣、医、翳、疫、液、炎、鉛、化、花、家、窩、角、核、汗、間、幹、冠、管、外、学、含、眼、癌、期、器、機、菊、脚、球、狂、鏡、橋、局、筋、形、計、頸、血、腱、鹼、下、口、孔、香、膏、鉤、膠、溝、腔、湟、穀、骨、混、根、痕、散、産、酸、剤、枝、糸、紙、脂、識、室、質、酒、腫、所、書、症、傷、椒、漿、鞘、疹、時、軸、実、汁、術、状、水、垂、性、石、咳、節、泉、線、疝、腺、素、草、層、叢、瘡、足、体、带、袋、虫、紐、椎、痛、鉄、点、泥、刀、痘、道、銅、動、毒、内、仁、肉、尿、人、熱、嚢、膿、灰、薄、班、板、礬、匕、皮、病、粉、部、物、便、辯、法、胞、膜、面、網、木、門、藥、油、葉、樣、瘍、浴、癲、痢、瘤、力、輪、鈴、労、漏。

复合词

阿片、曖気、悪臭、悪心、悪性、悪露、圧下、圧重、安産、衣服、胃液、胃炎、胃管、胃血、胃弱、胃痛、胃病、医学、医士、医術、医療、異形、異嗜、異重、萎縮、遺尿、意味、頤孔、一握、陰萎、陰茎、陰性、陰嚢、陰部、陰門、咽頭、飲食、迂溝、茴香、鬱積、嬰児、栄養、贏幣、液化、液体、疫咳、益智、炎腫、炎症、遠因、遠志、燕巣、燕麦、燕下、塩基、延孔、延髓、延伸、円窓、円板、厭定、魘夢、汚物、凹陥、黄疸、黄体、黄班、黄蝋、桜実、嘔吐、穏死、下肢、化骨、化膿、仮死、仮痘、仮孕、家猪、菓糖、過度、会陰、解剖、潰瘍、疥癬、咳嗽、壊疽、蛔虫、廻腸、海綿、角膜、咯血、咯痰、拡張、割去、脚気、滑車、活樹、肝炎、肝管、肝橋、肝石、肝糖、肝油、緩解、灌漑、灌腸、感覚、感染、感伝、感冒、間隙、汗血、汗症、汗腺、鑑察、環指、環状、患者、乾燥、乾餾、関節、甘草、寒顫、官能、陥没、陥窠、外傷、外貼、外皮、外翻、額骨、合着、眼侈、眼炎、眼癌、眼球、眼瞼、眼歯、含嗽、

丸子、癌腫、顔疹、顔面、気管、気胸、気孔、気腫、気絶、気胞、奇形、奇足、危険、基礎、
亀頭、飢餓、器機、稀釈、帰着、駩針、吃逆、脚痛、脚薬、弓形、白歯、吸角、吸気、吸収、
鼠蹊、穿窿、巨頭、距骨、虚弱、虚衰、虚脱、挙筋、狂気、狂乱、恐怖、姜黄、莢膜、境膜、
鞏膜、狭窄、胸管、胸血、胸腔、胸骨、胸水、胸腺、胸痛、胸膿、胸病、驚駭、強健、曲管、
極期、棘起、近視、筋衣、筋鞘、筋畜、筋痛、筋病、禁忌、禁酒、禁忘、緊急、緊張、義眼、
義膜、擬造、偽膜、蟻痒、瘧母、牛胆、牛痘、牛酪、魚膠、仰臥、凝血、凝固、凝乳、苦意、
苦痛、苦悶、佝僂、軀幹、駆水、空腸、屈筋、君薬、傾衰、軽聾、経閉、脛骨、脛痛、繫帯、
痙畜、痙攣、桂皮、鶏卵、血液、血炎、血痂、血管、血汗、血球、血漿、血積、血虫、血毒、
血尿、血餅、血瘤、血涙、結喉、結石、結節、結腸、結便、結膜、纈草、験味、瞼縁、瞼腱、
瞼癬、瞼裏、健康、健忘、腱炎、腱条、腱膜、捲縮、牽縮、懸壅、下血、下痢、迎球、芸香、
劇痛、月経、原因、弦影、芫菁、呼気、呼吸、股管、胯炎、胯痛、枯礬、鼓脹、鼓膜、糊剤、
口炎、口蓋、口癌、口峡、口腫、口痛、亢進、交感、交合、交錯、交接、肛門、好色、紅彩、
汞毒、喉頭、咬牙、絞窄、鉱水、後方、後淋、後腕、硬癌、硬固、硬膏、硬部、睾丸、哮喘、
黒癌、黒椒、黒癩、槲皮、膕腱、骨炎、骨格、骨幹、骨質、骨傷、骨髓、骨疽、骨膜、骨論、
琥珀、根基、根治、混淆、昏睡、昏瞑、五神、合縫、強直、作用、砂淋、鎖陰、鎖孔、鎖骨、
鎖閉、再嚼、再発、再餾、細管、細辛、細胞、細粒、催眠、砕骨、很忌、索体、酢酸、搾出、
錯聴、察病、擦剤、紫絶、三稜、産科、産婆、酸化、酸膜、惨澹、坐骨、挫傷、子宮、子実、
四肢、死骨、死体、死肉、歯炎、歯齦、歯痛、歯傷、歯論、指炎、指骨、指痕、指示、視軸、
刺衝、刺絡、弛緩、弛垂、弛脱、紫班、髭論、趾骨、舐剤、嗜酔、嗜欲、蓍草、失血、失常、
失望、失味、失明、疾患、疾病、湿儒、膝痛、写膈、斜頸、斜視、斜面、射注、煮蜜、尺骨、
灼熱、手淫、手術、手掌、手浴、朱砂、酒盞、酒精、腫大、腫脹、周囲、習慣、終身、皺襞、
出血、瞬膜、初乳、小管、小球、小丘、小溝、小体、小虫、小腸、小頭、小脳、小囊、小泡、
小弯、少年、松子、松脂、消化、消剤、消散、消息、傷害、傷腫、傷風、菖蒲、掌弓、食指、
食道、食欲、触体、植膠、植虫、心耳、心室、心胞、伸筋、神経、針治、唇炎、唇痛、真死、
真珠、真皮、侵蝕、浸剤、浸漬、津唾、深息、浸出、震盪、耳炎、耳介、耳廓、耳骨、耳隧、
耳声、耳痛、耳病、耳翼、耳漏、耳聾、耳論、時期、痔疾、痔瘻、雀班、受胎、重視、重睫、
重土、絨毛、獣炭、熟膿、助骨、助膜、上肢、上升、上膊、上腹、条虫、条片、情欲、静脈、
蒸剤、蒸発、蒸餾、譲酸、譲膿、鑷子、蓐瘡、陣痛、腎炎、腎盂、腎石、腎臓、腎痛、腎盂、
腎門、靭帯、水液、水癌、水銀、水狂、水剤、水腫、水床、水疝、水泡、水論、垂簾、衰弱、
衰脱、衰弊、睡菜、睡眠、臍管、臍水、枢軸、瑞香、髓癌、髓腺、頭痛、世界、生殖、生力、
成分、声音、声門、青黛、性急、精液、精系、精製、精虫、精囊、静止、嘶嗄、臍腫、石松、
石尿、石灰、石鹸、赤檀、赤痢、脊骨、脊索、脊髓、脊梁、錫粉、蹠筋、切断、接口、摂生、
截痕、先天、舛麻、疝痛、茜根、剪綵、剪汁、腺炎、腺痛、腺病、腺様、戦慄、薦骨、顫震、
顫動、譫語、譫忘、繊維、繊糸、脆弱、脆軟、贅骨、贅肉、贅疣、舌炎、舌癌、舌骨、舌腫、

舌带、舌苔、舌微、舌疸、舌痛、舌靡、前徵、前庭、前膞、前腕、喘息、善饑、素因、咀嚼、
組織、粗末、蘇生、爪母、送入、挿骨、創傷、想像、瘦削、蒼鉛、操作、燥眼、燥糞、瘡痕、
糟粕、叢脈、雙角、足蹠、足痛、側室、側面、息肉、卒中、卒倒、造構、造唇、増大、臟器、
粟疹、多淫、多血、大趾、太息、対耳、胎児、胎動、胎盤、胎包、怠慢、袋瘤、単膏、胆管、
胆酸、胆汁、胆石、胆囊、蛋黄、蛋白、炭末、短息、打膿、打撲、堕胎、蛇脈、蠕動、大黄、
大脳、大便、大弯、脱汗、脱臼、脱肛、脱疽、脱髮、脱落、脱力、男茎、男色、断骨、檀香、
治癒、知覚、智歯、恥部、痴愚、痴呆、遅鈍、築動、畜溺、蓄槽、窒素、窒息、膣炎、膣腫、
膣塞、膣脱、膣虫、膣痛、膣壁、中央、中蓋、中隔、中室、中心、中毒、中脳、虫毒、肘筋、
注出、注入、柱体、昼盲、誅網、稠厚、長椒、長頭、重複、張筋、頂窩、腸炎、腸虫、腸膜、
腸論、徵候、蝶番、直管、直腸、沈渣、砧骨、椎骨、通囊、通風、丁子、耵嚀、低筋、低語、
低面、嚏薬、鋇銹、鋇屑、天井、天性、巓頂、癲癇、伝染、臀炎、吐血、吐痰、吐膿、吐糞、
吐薬、杜衡、凍瘡、疼痛、倒経、倒睫、橙皮、頭蓋、頭重、頭水、頭皮、絢索、糖尿、藤黄、
禿瘡、禿頭、突起、土製、努肉、動皮、動脈、道路、撓骨、童女、童男、瞳孔、独活、毒傷、
毒論、吞酸、内臟、内転、軟化、軟塊、軟膏、軟骨、軟部、難産、肉芽、肉塊、肉腫、肉柱、
肉荳、肉糖、肉阜、肉瘤、乳炎、乳管、乳血、乳香、乳剤、乳汁、乳腺、乳痛、乳頭、乳糖、
乳尿、乳糜、尿酸、尿翅、尿石、尿素、尿湟、尿道、尿崩、尿膜、尿論、人参、妊娠、熱症、
熱病、年齢、粘液、粘剤、粘痰、粘稠、粘着、粘囊、粘膜、脳炎、脳丘、脳睾、脳砂、脳室、
脳小、脳截、脳肘、脳痛、脳膜、膿眼、膿瞼、膿腫、膿汁、膿咳、膿瘡、膿尿、膿囊、膿利、
把柄、波動、破砕、破裂、肺炎、肺壊、肺響、肺血、肺酸、肺傷、肺病、肺労、排出、排泄、
胚種、胚素、胚胎、胚点、盃状、白桂、白椒、白条、白体、白髪、白膜、白㢈、剥脱、薄荷、
薄層、薄板、薄膜、発音、発育、発汗、発狂、発酵、発疹、発生、発嚔、発熱、発背、発泡、
反響、反射、半球、半分、斑点、瘢痕、馬角、馬溝、馬屑、馬紐、玫塊、売薬、黴毒、麦奴、
爆声、縛帯、番椒、皮炎、皮癌、皮質、皮痛、肥満、泌別、被膜、泌薬、腓腸、弻筃、脾炎、
脾痛、脾病、髀臼、表皮、標疸、尾胝、尾裂、微痛、鼻炎、鼻管、鼻骨、鼻痛、鼻涕、鼻道、
鼻痒、鼻翼、癨塊、白止、病院、病因、病期、病室、病床、病笑、病状、病徵、病毒、病爪、
不快、不具、不食、不妊、不眠、不孕、付加、布片、腐蝕、腐敗、風気、服量、副因、副腎、
腹腔、腹疹、腹水、腹臟、腹膜、腹瘤、腹輪、複歯、複視、複体、複胎、複脾、沸騰、粉質、
粉末、刎頸、分岐、分子、分枝、分娩、分利、分裂、閉塞、閉蟄、変形、変性、変痘、扁桃、
胼胝、偏欹、骿指、弁識、弁膜、便通、便毒、便秘、保護、包茎、包皮、放筋、咆逆、胞衣、
飽充、飽和、縫合、縫接、発作、翻花、翻転、母乳、拇指、乏血、芒硝、暴瀉、膨唇、膨大、
膨満、麻疹、麻酔、麻痺、摩擦、摩熱、魔夢、幕帯、未全、密腫、密尿、密酒、脈学、脈管、
脈搏、夢魘、夢魔、無渇、無欲、迷路、綿馬、摸床、毛髪、毛風、盲管、盲孔、盲腺、盲囊、
盲目、盲語、盲視、網膜、木炭、木煤、木綿、門脈、夜盲、薬剤、薬治、薬草、薬方、薬法、
輸出、輸送、楡皮、癒合、癒着、幽門、予後、羊脂、羊皮、容色、痒痛、腰筋、腰痛、溶化、

溶液、溶解、溶崩、瘍腫、養管、沃顛、浴湯、洛銕、卵管、卵子、卵巣、卵窓、卵嚢、李実、利水、利尿、痢赤、離乳、流産、流出、隆起、硫肝、竜脳、両間、亮隔、療法、緑青、淋疾、燐尿、輪癬、鱗屑、鱗癬、涙液、涙管、涙眼、涙石、涙節、涙腺、涙点、涙頭、涙嚢、涙阜、涙漏、涙痩、羸痩、瘰癧、戻転、藜蘆、連合。

接头型复合词

阿片、悪液、悪心、悪性、悪露、圧舌、圧定、胃液、胃皖、医学、異嗜、異臭、異常、異体、萎黄、遺伝、引赤、引接、陰茎、陰唇、陰嚢、陰門、陰欲、咽喉、咽頭、飲食、淫欲、烏啄、運動、栄養、液下、液質、液汁、炎症、遠隔、遠視、燕下、塩酸、延齢、延孔、円錐、円柱、園生、汚物、黄疸、黄色、黄胆、横隔、医学、嘔吐、下髄、下腹、化骨、化石、花風、仮骨、仮性、仮瞳、仮肋、家猪、夏日、蝸牛、踝関、会陰、回郭、解凝、解剖、潰瘍、疥癬、開穿、開達、廻腸、海綿、灰白、快夢、角質、角舌、角膜、拡張、割出、滑車、活獣、活体、括約、褐色、肝液、肝臓、肝胆、肝包、緩下、緩性、緩和、灌腸、感覚、感染、間欠、看護、完穀、顴骨、環状、貫針、乾性、乾燥、関節、甘性、串線、観相、官能、橄欖、牙関、呀襴、瓦磚、蝦蟆、外傷、外膜、外用、外来、額骨、合併、眼液、眼科、眼花、眼球、眼筋、眼瞼、眼眥、眼痛、眼病、含気、含水、含嗽、含虫、含糖、含膿、顔面、気煙、気管、奇形、奇児、寄生、記者、基底、規律、起熱、鬼捻、器外、器臓、貴要、稀釈、帰思、膝状、弓形、臼杵、吸角、急割、急性、穿窿、去翠、去勢、祛痰、挙耳、狂犬、恐血、恐水、脇成、協成、鞏膜、胸腔、胸上、胸腺、胸中、胸部、強壮、強心、局処、局部、筋湯、筋肉、筋力、掀衝、凝思、凝集、齦肉、苦楝、枸酸、佝僂、駆虫、駆風、空気、空洞、蜘蛛、薫煙、偶発、群集、形器、軽症、頸腺、継発、稽留、芥子、血液、血管、血球、血紅、血質、血中、血力、結核、結節、結組、結腸、結締、結膜、結瘍、纈草、肩胛、肩峰、剣状、験液、験尿、瞼端、瞼縫、健康、健質、腱鞘、鹹銅、顕微、懸壅、外科、解毒、迎球、鯨脳、劇性、月経、原発、原病、元素、言語、減飲、減損、呼気、呼吸、胯骨、胯部、胡菜、胡桃、姑息、鼓索、鼓室、鼓膜、口蓋、口峽、口唇、口中、口内、甲状、光明、行軍、交睫、肛囲、肛門、劾用、紅結、紅彩、厚皮、喉頭、鉱毒、鉤状、後弓、溝深、溝探、糠粃、睾丸、黒障、黒椒、黒胆、黒吐、黒内、酷励、骨質、骨髄、骨内、骨膜、金剛、昏睡、護眼、強直、砂浴、鎖陰、再帰、再発、細精、細胞、採石、採聴、彩色、彩粧、催眠、催嚏、催進、載踝、索状、酢酸、醋水、察病、三角、三尖、三頭、産科、酸化、酸素、酸膜、子管、子宮、四肢、四畳、四弁、止血、死後、死骨、施転、歯牙、歯齦、歯神、歯肉、指骨、視覚、視経、視神、視力、自然、矢状、脂血、脂肪、刺衝、試験、試探、飾孔、飾状、色素、色欲、膝蓋、膝較、膝状、斜視、射精、潟利、手術、手背、酒客、酒精、種子、種苗、収斂、収縮、周匝、臭気、臭神、修身、春機、峻下、処女、諸器、小紫、小節、小直、小児、小脳、小便、松子、消化、消散、消毒、消耗、消疣、硝酸、照眼、照喉、衝動、食道、食欲、触覚、触神、触接、植性、植物、蜀羊、心耳、心状、心胞、神経、神思、針刺、侵蝕、津唾、浸出、浸入、耳下、耳神、耳腺、耳痛、耳病、自験、自聴、自閉、

児頭、時疫、滋養、滋潤、実性、受胎、十字、十全、十二、重傷、重墜、助間、助脇、助膜、
上顎、上瞼、上肢、上腹、条虫、常習、静脈、蒸気、蒸揚、蒸餾、譲膿、人工、人身、人造、
腎臓、腎盂、靭帯、水銀、水治、水腫、水晶、水浸、水素、水泡、水脈、水様、水楊、吹入、
脺臓、錐石、施薬、生育、生活、生歯、生虱、生殖、生肉、生理、生力、成形、声音、声門、
青紫、清音、清血、清滌、清涼、制酸、精液、精系、精神、精製、製薬、醒喚、石脳、石淋、
脊骨、脊髄、脊椎、脊梁、切開、切断、接骨、摂生、截除、截離、尖頭、先天、穿開、穿割、
穿胸、穿針、穿腸、穿頭、穿腹、腺毒、線状、鮮凝、氈状、顫毛、譫忘、繊維、贅肉、舌下、
舌癌、舌様、全身、全動、前弓、前庭、前頭、善渴、咀嚼、組織、粗渋、酥性、爪下、宗旨、
送入、相顔、挿入、創縁、想像、痩削、僧帽、蒼白、雙児、雙尾、測血、息肉、造口、造瞼、
造骨、造腟、造鼻、象牙、続発、多血、多産、太陽、対迎、対腹、体質、胎児、帯赤、胆液、
胆管、胆汁、胆嚢、蛋白、炭化、炭酸、探胸、淡黒、端坐、打膿、唾液、堕胎、楕円、蠕動、
大脳、大便、代換、脱腸、脱落、断食、断訟、知覚、知識、恥骨、緻密、腟内、中軸、中酒、
中心、中毒、虫様、貯蓄、腸間、腸水、腸線、腸虫、腸痛、腸病、腸弁、徴候、調剤、調味、
聴胸、聴耳、聴神、直腸、直皮、沈降、沈澱、鎮静、鎮痙、鎮痛、通経、通風、叮嚀、挺住、
涕膜、提睾、天癸、天然、点滴、輾転、癲癇、泥沼、泥菖、伝染、吐涎、吐下、吐糞、塗擦、
刀割、透明、套管、湯治、頭蓋、頭筋、頭骨、頭部、特異、特発、土木、動眼、動触、動体、
動物、動脈、導引、導血、導尿、瞳孔、瞳子、内眥、内耳、内障、内臓、内豬、内直、内膜、
軟骨、軟部、二頭、肉芽、肉水、日発、乳管、乳酸、乳脂、乳眥、乳歯、乳汁、乳腺、乳頭、
乳毒、乳糜、尿中、尿通、尿道、熱症、粘液、粘滑、粘嚢、粘膜、脳小、脳水、脳髄、脳膜、
膿血、膿汁、膿毒、嚢状、肺胃、肺血、肺質、肺臓、肺膿、排泄、廃病、胚種、胚胎、盃状、
白亜、白人、白帯、発音、発育、発汗、発酵、発疹、発熱、発泡、撥下、反対、半規、半月、
半骨、半身、半水、半醒、半動、半粘、煩悶、馬蹄、馬橙、馬尾、馬病、馬鈴、薔薇、培生、
徽毒、麦奴、麦粒、絆創、盤渦、皮下、皮脂、皮膚、皮様、泌乳、泌尿、泌別、披裂、脾状、
脾臓、脾病、脾包、表層、表皮、尾胝、鼻孔、鼻翼、病院、病因、病性、病的、病名、病理、
不整、不正、不全、不定、不動、坼前、婦人、腐蝕、腐敗、風雨、風気、腹臓、腹部、腹壁、
腹膜、複視、粉質、葡萄、舞踏、物像、分泌、分娩、平行、併発、変形、変質、扁桃、胼胝、
偏視、偏側、偏頭、保温、保固、補給、方稜、包茎、包摂、包皮、芳香、放線、放血、泡腫、
法痰、琺瑯、縫合、翻花、母乳、慕男、乏血、防臭、防石、防腐、剖屍、勃張、麻酔、磨歯、
幕状、幕質、慢性、未熟、未成、未製、味覚、味神、密按、脈管、脈搏、脈絡、妙効、夢中、
無名、迷走、迷蒙、迷路、免許、免熱、面角、毛髪、毛様、盲腸、盲細、網膜、門脈、薬剤、
薬方、輸出、輸水、輸精、輸胆、輸入、輸尿、愈創、癒合、有害、有機、予防、孕生、羊膜、
陽茎、腰部、養育、養滋、沃顛、浴湯、螺旋、卵円、卵巣、利水、利乳、利尿、離膜、流行、
硫化、硫酸、両便、量液、量滴、量尿、淋疾、禀賦、燐酸、輪状、輪胆、鱗屑、涙液、涙管、
涙腺、涙嚢、涙膿、藜蘆。

结尾型复合词

亜鉛、悪臭、医学、異常、異物、硫黄、遺精、溢流、陰唇、隠伏、鬱積、鬱憂、雲翳、雲脚、栄養、液質、液腫、円窓、九進、黄素、医学、嘔吐、化肝、化骨、化石、化膿、過溢、過硬、過泄、過多、過度、過尿、過敏、過流、解剖、潰傷、潰瘍、潰襴、壊瘍、海馬、殻軸、角膜、咯出、霍乱、各論、感伝、感動、感冒、患者、艱渋、乾燥、関節、外口、外傷、外層、外翻、外膜、外用、蓋骨、合着、眼炎、眼圏、気腫、気水、奇形、規則、岐裂、亀頭、機器、機能、急止、窮理、虚弱、鋸縁、恐怖、恐憂、狭窄、強健、強固、極期、緊急、凝血、凝固、凝脂、銀鋳、系統、傾斜、傾転、軽炎、経球、繋帯、痙攣、芥子、血管、血球、血積、血疝、血栓、血瘤、結合、結腫、結石、結節、歇止、検査、験器、健全、腱膜、牽縮、下墜、下痢、減少、減耗、呼吸、口蓋、亢進、亢盛、行歩、交叉、降汞、咬傷、咬症、絞汁、鉱水、硬癌、硬結、硬固、硬脂、硬腫、黒斑、槲木、骨疽、骨盤、骨瘤、根皮、混合、混流、困難、牛蒡、合剤、合着、強直、鎖閉、細管、細帯、細胞、裁断、錯乱、殺薬、紮絶、三叉、惨淡、惨澹、子宮、四角、死骨、死敗、施用、指腸、視力、脂肪、脂瘤、刺戟、刺衝、弛緩、弛弱、弛垂、紫点、失宣、失禁、失明、射出、射注、手術、腫大、腫痛、腫傷、収止、皺縮、皺襞、縮小、縮閉、出血、処縫、諸臓、小溝、小疹、小瘡、消化、硝化、傷風、称量、植物、神経、診断、診法、浸溢、浸出、浸豬、浸漏、震顫、震盪、字書、耳聾、滋養、実質、十全、重畳、循環、上口、静脈、蒸気、蒸発、醸気、譲膿、唇带、陣痛、靭带、水剤、水腫、水素、水道、水楊、垂簾、衰弱、衰弊、髄意、髄蓋、頭痛、生歯、製造、石灰、切除、切断、摂護、泄写、截除、尖端、尖尾、閃発、腺炎、潜状、譫忘、繊維、脆軟、組織、粗末、痩削、層間、蒼鉛、蒼白、総道、総管、簇診、促迫、測胸、息肉、造構、増多、増発、大薯、大麻、胎児、急慢、帯下、折裂、胆液、胆汁、蛋黄、炭酸、打聴、楕円、脱臼、脱出、脱垂、脱疽、脱落、暖胃、治法、遅鈍、中隔、中軸、中心、中毒、腸痛、瀦留、直管、沈鬱、沈衰、鎮痛、通風、通利、通路、停滞、転徒、転側、伝染、吐出、刀割、透明、頭瘡、頭部、糖液、竇炎、竇痛、凸露、突起、突出、突露、頓止、努責、努張、動物、動脈、撓屈、撓固、毒性、鈍暗、内陥、内障、内転、内皮、内翻、軟化、軟曲、軟骨、軟弱、難渋、肉化、肉腫、肉潤、乳觜、尿管、尿酸、尿腫、妊娠、粘稠、粘膜、脳症、脳膜、膿腫、膿瘡、濃厚、破裂、肺炎、肺壊、肺労、排管、排泄、廃止、白班、剥脱、搏動、薄弱、発動、反側、反張、発汗、発疹、発生、斑点、癜痕、馬蹄、半脂、半睡、半肉、皮疹、皮病、肥厚、泌尿、泌別、表皮、病院、敏捷、不給、不爽、不審、不整、不調、不遂、不弁、不利、浮腫、浮遊、腐骨、腐襴、腹痛、腹部、沸騰、葡萄、分娩、分利、閉止、閉塞、変悪、変暗、変異、変化、変挟、変黒、変質、変常、変色、変性、変大、変調、変軟、偏弯、弁膜、包茎、包皮、胞体、萌生、繃帯、発作、翻足、乏欠、乏弱、乏少、膨大、膨満、麻痺、摩擦、末端、脈間、脈腫、無力、瞑眩、模索、盲孔、盲目、網膜、薬品、輸管、癒合、癒着、用法、溶崩、雷鳴、乱刺、卵円、離脱、流出、粒腫、硫酸、良好、良全、療法、淋漓、涙液、贏痩、瘰癧、藜蘆、裂瘡、連接。

六、工学术语

单语词

圧、鞍、囲、緯、因、陰、影、弇、炎、鉛、堰、煙、円、縁、桜、河、架、渦、樺、瓦、灰、階、鞋、檜、蓋、角、革、桷、樫、竿、桿、管、圜、環、罐、岸、眼、汽、起、規、旗、球、鋸、拱、強、鋏、橋、鏡、行、閾、銀、形、系、型、計、楔、経、筧、穴、肩、弦、減、弧、庫、糊、孔、甲、巧、光、汞、匣、厚、坑、高、桁、釦、鈎、閘、溝、綱、鉱、轂、根、差、砂、梭、鎖、鎙、鏨、散、酸、鏨、鑽、矢、柿、紙、糸、歯、篩、時、式、色、舳、軸、室、実、車、尺、洲、重、笥、松、牀、秤、商、晶、照、樟、衝、箱、樅、檣、証、鐘、縄、心、針、深、真、衽、椹、図、水、錘、錐、数、井、正、筬、勢、石、積、錫、屑、節、栓、船、線、氈、繊、塑、礎、窓、層、増、速、測、樽、帯、體・体、台、丹、端、檐、池、竹、鎚、樋、柱、長、潮、底、釘、挺、提、泥、轍、鉄、点、度、刀、桶、塔、筒、糖、寶、道、銅、鉋、凸、壩、熱、派、艀、杙、灰、鞴、梅、倍、反、板、版、比、臂、尾、筆、表、錨、布、斧、負、斂、楓、墻、幅、輻、覆、物、皿、壁、辺、弁、步、梁、量、力、輪、法、棒、輞、盆、面、綿、門、油、窯、翼、纜、栗、流、溜、燐、類、零、曆、礫、列、鏈、爐、濾、炉、鑪、肋、簍。

接头型单语词

因、右、英、鉛、円、横、角、割、串、冠、桿、管、圜、汽、客、求、鋸、狭、棘、緊、下、型、軽、堅、原、恒、広、合、黑、左、止、次、雌、実、斜、手、首、竪、縱、小、消、上、植、進、衽、水、垂、枢、正、生、静、脊、線、鐫、漸、双、速、退、帯、鋳、直、定、電、土、踏、導、内、熱、背、倍、半、比、肥、非、被、不、浮、風、複、弗、平、返、変、牡、面、木、遊・游、用、流、両、力、輪、鏈、歪。

结尾型单语词

液、弇、炎、堰、円、屋、架、界、廻、蓋、角、学、串、杆、函、桿、管、圜、環、罐、汽、軌、規、器、機、櫃、儀、脚、渠、距、鋸、拱、挾、筐、強、橋、鏡、金、具、形、型、計、楔、件、圈、工、口、孔、光、坑、桁、港、鈎、閘、溝、構、綱、膠、根、差、砂、材、剤、酸、鑽、子、止、氏、紙、師、砥、歯、嘴、字、時、式、軸、室、質、車、者、所、尺、洲、術、書、処、樋、匠、鐘、状、条、場、心、身、針、深、隧、錘、錐、数、性、税、石、栓、線、窓、杙、層、槽、體・体、台、丹、段、地、池、柱、長、潮、釘、提、的、鉄、点、土、度、燈、寶、動、道、銅、人、派、板、版、盤、比、皮、表、標、布、物、紛、柄、壁、片、弁、方、法、面、綿、門、油、用、窯、纜、里、率、料、梁、量、力、輪、曆、列、鏈、路、炉、廊、轆。

复合词

圧蓋、圧陥、圧機、圧挫、圧縮、圧穿、圧度、圧力、安危、安定、暗車、暗礁、暗壩、銀杏、位相、硫黄、維梁、緯線、緯度、引数、引力、因数、運河、運動、雲母、曳引、曳船、鋭角、鋭彎、液化、液体、液量、拿匣、炎管、炎路、堰提、堰料、円欽、円周、円錐、円端、円柱、円筒、煙櫃、煙突、鉛筆、演算、緣板、汚物、王水、黄金、黄銅、横桿、横距、横傾、横坑、横線、応力、屋構、屋側、屋背、屋板、屋盤、温度、火管、火壩、火夫、河口、架構、架台、家屋、荷車、荷重、仮構、仮漆、仮数、貨物、渦形、渦心、価値、臥材、回転、灰土、快船、改正、廻手、廻旋、界砂、海図、海面、海里、海湾、開鑿、開方、塊鉄、解式、解方、外角、外弧、外套、概査、骸炭、角緣、角材、角錐、角度、角墻、角動、革砥、格間、格牀、隔板、隔膜、鶴頸、鶴嘴、赫熱、括弧、活嘴、活錘、活勢、活字、活重、活力、割線、滑砥、滑車、滑鑰、褐炭、干潮、甲板、函数、函樋、陥縮、乾気、乾蝕、桿規、換輪、間軸、慣性、圜動、監査、監督、環動、関節、鹹水、鑒鏡、觀測、鑵甲、含分、眼燈、汽管、汽鑵、汽機、汽櫃、汽室、汽褥、汽船、汽笛、汽筩、汽部、汽約、奇数、紀法、軌（·輥）間、軌（·輥）条、軌（·輥）動、気圧、気化、気閘、気室、気体、記号、記標、基線、基礎、基点、規則、幾正、稀酸、稀釈、器械、器具、機械、機関、機器、機構、吃水、吸子、吸収、級数、球弇、給水、鳩尾、拒絶、虚線、渠口、距角、距離、拠標、拱架、拱基、拱橋、拱項、拱構、拱矢、拱石、拱腹、拱腰、胸槽、胸壁、強弱、鞏定、橋脚、橋台、仰拱、仰角、凝結、凝固、凝聚、凝縮、凝量、曲線、曲度、曲柄、曲率、極印、極強、極径、極小、極大、近真、金衡、金属、金石、筋力、緊端、緊拄、緊密、矩形、空処、偶数、偶力、隔様、屈折、圭子、係数、契約、計画、計算、硅酸、傾角、傾拱、経始、経線、経度、繋桿、繋線、繋釘、繋梁、激動、決瀉、結構、結晶、汽鎚、汽筩、棬線、懸心、驗徴、元素、原位、原子、原理、固体、孤港、弧度、弧余、琥珀、互差、護牀、口径、工学、工業、工具、工作、工師、工事、工場、工程、公式、公道、公理、勾配、効率、交切、交和、光学、光程、向歪、汞和、後視、航海、高度、控桿、控版、港燈、硬固、硬性、硬度、鈎聯、閘閾、閘門、構拱、構材、構造、構梁、広袤、綱具、稿程、膠灰、膠泥、衡法、鉱酸、鉱脂、合金、合成、合点、黒鉛、根数、混土、涸管、作業、作用、牀構、砂礫、差分、坐鉄、細度、細目、蔵環、砕石、摧裂、際限、材片、材料、削子、栅板、栅杙、鎓規、鎓鋏、鎓繩、鑿錐、殺水、擦具、三脚、三乗、桟道、算術、鑚孔、鑚尖、支桿、支距、支溝、支台、支柱、支点、支面、死重、死点、死輪、自然、刺針、枝溝、枝線、枝道、指子、指数、指標、指膏、脂肪、視差、視軸、視準、視線、視的、視門、試金、試驗、試量、歯棒、歯輪、嘴子、熾灼、熾熱、示数、自秉、磁石、磁針、磁力、軸串、軸鉗、軸頸、軸線、軸吊、質心、質量、湿汽、湿蝕、湿度、実線、車匠、車賃、車道、車翼、車輛、射影、斜橋、斜挂、斜面、遮転、遮欄、斫石、受器、樹膠、収差、収縮、収斂、周界、周期、聚合、鏞皮、柔鋼、柔皮、重学、重心、重力、従輪、銃弾、縦距、縦強、獣脂、浚渫、準線、筒眼、鋤簾、除数、小渠、小軸、小数、商売、象限、照査、摺軋、摺降、障格、障脳、衝程、衝突、衝風、焼燬、焼点、礁標、鐘銅、上盤、乗数、常衡、蒸気、蒸昇、蒸発、蒸餾、畳式、燭炭、織機、触点、心力、心棒、伸張、信号、振幅、振揺、真空、針度、進衝、寝重、震動、人道、爐滓、図算、図表、水銀、水限、水閘、水車、水線、水頭、水塔、水道、水部、水平、

第三章　近代科技日语的汉语造词

水門、水濾、吹管、垂直、垂線、推堅、推力、隧道、錘線、数学、数字、枢軸、枢端、寸法、
正割、正弦、正矢、正切、成果、成数、成分、制水、制輪、性質、青銅、星緯、星学、星経、
星輪、掣子、整数、整層、整理、静軋、静止、静軸、脆性、斥力、石英、石黄、石灰、石工、
石膏、石炭、石頭、石盤、赤緯、赤経、切鏧、切線、折光、泄汽、接角、接合、接触、節圏、
節線、節点、節面、截面、絶対、川況、穿降、扇車、栓路、旋盤、船渠、船橋、船底、銑鉄、
潜熱、線拱、線度、繊維、前視、漸加、阻汽、阻水、素構、素壁、粗朶、倉庫、窓基、挿口、
装整、装石、装置、装壁、綜桄、総計、艙口、艙量、簇杙、艚船、双楔、造方、側壁、速度、
速比、唧子、唧筒、測串、測点、測法、測量、測鏈、蛇管、楕鉗、楕円、楕率、大気、大砲、
退衝、対数、体度、丹膠、炭紛、単位、単動、短管、短軸、鍛鉄、鍛錬、弾機、弾性、地誌、
地図、築造、築提、着色、護牀、中心、中数、扭歪、注射、柱脚、柱身、柱礎、柱沓、鋳鋼、
鋳造、鋳鉄、長球、長軸、長鏨、長石、張力、彫工、彫匠、頂蓋、頂格、頂窓、頂点、蝶鉸、
調革、調帯、調和、直移、直線、直角、直経、沈櫃、定架、定規、定数、定置、定着、定道、
底辺、底弁、抵抗、梃率、提防、鼎足、泥栓、泥炭、的杠、跌剥、綴釘、轍叉、轍枕、鉄格、
鉄串、鉄工、鉄匠、鉄挺、鉄道、鉄葉、天井、天頂、天秤、展開、展性、展鉄、展轆、覘視、
覘板、填隙、填料、点火、点線、輾圏、転軋、転位、転鏘、転子、転触、転扭、伝達、伝導、
電軋、電気、電槽、澱渣、渡船、土工、度法、度量、投射、透鏡、透明、桶板、等強、等質、
等対、桶耳、撞撃、撞心、撞槌、踏子、柵板、柵杙、踏車、燈船、燈台、頭渠、頭空、洞橋、
動軋、動径、動作、動程、動量、道底、道路、働軸、働輪、働点、銅鉱、導桿、導坑、導程、
撓性、凸子、突縁、鈍角、内火、南距、熱学、粘性、粘着、粘土、燃焼、燃土、燃料、農業、
農具、波提、玻璃、破壊、破線、馬頭、馬力、排去、廃汽、擺子、擺心、擺線、擺動、倍数、
煤煙、煤膠、白堊、白鉛、白金、白熱、白墨、爆発、爆裂、発火、発散、発射、発条、反射、
反数、反鎚、反働、反歪、半円、半径、帆布、板冊、板(版)鉄、板錨、版規、版梁、礬素、
礬土、盤蹄、比重、比熱、比例、肥土、被料、避線、尾渠、筆規、氷点、表示、標桿、錨具、
扶栱、氷笥、標杙、扶壁、俯角、浮凸、浮標、埠頭、符号、腐蝕、風車、風裏、伏勢、副溝、
複桁、複燈、複動、複梁、覆材、覆壌、覆壁、沸騰、物質、噴水、分解、分散、分子、分数、
分析、分度、分力、平均、平衡、平端、平面、柄杓、壁脚、壁匣、壁心、壁背、壁面、返衝、
返動、偏倚、定鐶、偏差、偏度、匾球、辺石、変管、変曲、変形、変数、鋪道、鋪板、鑢紙、
杙鞋、鋪料、鋪礫、道牀、導杙、箆隙、箆嘴、箆套、方位、方形、方端、包匣、抱子、放吹、
法線、法則、砲台、砲銅、砲兵、烹煉、堡砦、飽和、棒材、棒鉄、膨脹、北距、本位、磨軋、
磨擦、磨損、磨剥、埋線、万力、満汽、満潮、密度、無窮、瑪璃、命位、面積、面度、模型、
模板、白鑞、木工、木材、木匠、木磚、木炭、木頭、木理、目標、問題、野業、野帳、約流、
薬衡、有劲、遊間、遊標、遊輪、予算、余角、余割、余弦、余矢、余切、余面、用具、容積、
揚程、揚弁、揺軸、擁壁、鎔解、鎔鉱、鎔剤、鎔性、鎔点、翼堰、翼壁、翼弁、螺糸、螺線、
羅針、落程、乱接、欄干、欄子、理論、力学、力度、力率、力臂、陸地、流砂、流射、流体、

流通、龍骨、亮窓、量度、稜形、輪機、輪歯、輪軸、輪箱、輪葉、冷脆、冷剛、冷面、例題、列車、裂力、煉瓦、聯鈎、鏈条、鏈带、濾器、濾池、炉格、炉戸、炉口、炉心、漏洩、漏斗、肋拱、轆機、論証、歪角、湾曲、湾梁。

接头型复合词

軋動、圧気、圧水、圧穿、圧油、圧力、圧濾、安定、已知、緯度、一等、印刷、印心、印秒、雨量、運車、運送、雲母、曳引、曳船、泳気、衛生、易搬、液体、円欹、円錐、円筒、円墻、煙筒、鉛筆、凹円、凹字、往復、黄銅、横臥、横亘、横綴、応圧、応剪、応扭、応張、応力、応用、屋蓋、屋背、音響、穏行、下齧、下射、下設、下部、下路、火管、加功、加速、可塑、可鍛、可燃、可変、可鎔、花崗、河口、仮設、仮定、渦状、過熱、蝸形、臥輪、駕軸、回光、回転、灰土、口字、廻旋、廻栓、開綿、階状、解析、懐中、蟹螯、外火、外擺、外部、蓋渠、各人、角閃、角度、画円、画線、画法、劃縁、拡管、滑車、闊基、干満、串眼、巻糸、陥縮、乾燥、巻布、貫円、寒暖、間歇、間紡、管桿、管状、緩急、緩衝、環頭、環動、観象、汽圧、汽車、汽水、汽筩、汽動、汽力、気圧、軌(・輥)動、気硬、気象、記步、起拱、起重、起図、基線、基礎、規約、幾何、期約、機械、機関、機工、機力、九角、吸子、吸湿、吸水、穿窿、球橐、球形、球状、球面、給汽、給水、給油、鳩尾、魚鯽、魚腹、鋸工、胸射、強弱、強靭、鞏定、凝汽、凝結、凝固、凝縮、曲軌、曲進、曲線、曲版、曲柄、曲率、棘輪、均度、均平、金属、緊結、矩鏡、区画、区端、具牙、屈折、計距、計算、計測、経緯、谿谷、繋桿、繋船、警報、欠辺、結構、結樺、齧合、犬牙、建基、建築、検数、剉程、検繊、懸架、験圧、験温、験湿、験水、験徴、験潮、験熱、顕微、原尺、減軋、減阻、減速、固結、固綴、鼓形、箇形、五角、互層、互聯、護工、護輪、工具、工場、工夫、公称、公道、交叉、交切、光度、光明、向心、扛重、抗挫、抗折、抗扭、抗張、汞和、昂水、後歯、後進、後部、恒久、恒置、格子、航海、高庄、高温、高度、鈎挂、閘級、構造、膠泥、鋼製、合閫、合材、合成、金剛、混下、混疑、混凝、混合、作工、作用、採鉱、採土、淬硬、細工、最高、最小、裁縫、砕石、材料、削截、削面、鑿削、鑿石、三角、三脚、三乗、三条、三心、三等、三稜、山脊、散測、算数、酸化、鏨孔、鑽孔、鑽地、子午、支面、止転、止動、四角、四重、四乗、四通、四辺、四面、市街、刺繡、指向、指針、指点、指度、指方、視形、視差、視軸、視準、視方、試金、試験、試施、駛船、示水、示点、示方、示力、自圧、自在、自乗、自然、自調、自動、自変、時刻、時辰、磁気、磁針、磁力、軸画、軸串、軸頭、七角、実験、実効、実測、実用、射影、斜架、斜線、斜拄、瀉水、矸石、手動、主要、酒精、受圧、受衝、堅立、堅輪、収結、修船、修道、溲士、集合、鏽錆、十一、十五、十字、十二、十進、十角、縦横、縮図、出札、浚泥、瞬時、純正、筒眼、循環、循規、承軸、承水、沼産、消火、消毒、硝弾、象限、照星、照査、摺動、衝頭、衝風、鐘形、上洩、上齧、上射、上製、上設、上部、上路、冗余、乗客、蒸潰、蒸藁、蒸発、蒸餾、燭炎、触転、触面、心臓、伸縮、神速、真空、真打、深浅、進汽、親和、人工、人造、水圧、水銀、水形、水硬、水準、水上、水速、水道、水動、水平、水量、水力、水路、垂直、推進、随処、寸法、施糊、施工、正射、正面、生寒、成凹、成形、制動、制輪、精製、精鉄、精銅、製革、製紙、製歯、製図、製造、製糖、整弅、整角、整層、整調、整辺、整理、静水、静力、石灰、石膏、赤道、積分、切線、切断、折光、接眼、節汽、節気、節動、節約、截管、截紙、截石、截断、截頭、截面、籍気、絶縁、絶対、尖頂、洗滌、剪断、旋開、旋車、旋転、旋盤、船渠、船底、潜水、遷車、鑴版、全円、全周、全能、前向、前歯、前進、前部、漸加、漸近、漸減、漸伸、阻汽、阻止、素石、梳条、梳綿、粗紡、粗面、礎枤、蘇音、相応、相属、送風、挿入、装軸、装箱、装石、装稜、層牀、層辺、操縦、双眼、双曲、双敲、双頭、造営、造成、造船、側心、側面、側梁、速転、唧子、唧筒、測角、測斜、測衝、測深、測天、測微、測面、測流、測量、続面、多管、多辺、多面、打印、打枚、楕円、大理、耐久、耐火、対角、対数、対蹠、対物、代数、脱酸、炭水、単回、単斜、単純、単心、単働、短鏡、短肥、端面、担重、鍛塊、鍛鉄、暖水、暖房、弾性、地下、地形、地誌、地心、地平、地方、地理、治水、逐水、蓄水、蓄電、築造、築提、中位、中古、中心、中二、中立、抽気、注射、注水、紐織、鎔冶、鋳造、鋳冶、貯水、貯蓄、吊重、跳猿、潮水、蝶鉸、調帯、調和、直軸、直進、直打、直働、直角、沈澄、沈殿、通風、通心、通世、槌下、縋鍛、丁字、低圧、定価、定置、定臂、停汽、停車、停塵、程角、碇泊、適用、跌船、綴釘、轍叉、鉄輒、鉄材、鉄道、天涯、天体、天頂、添版、填気、填基、填料、点鐘、転鏡、転向、転扭、転轍、転動、転輪、伝導、伝動、伝熱、電気、電信、渡船、塗髹、鍍金、土圧、土木、投射、逃汽、淘鉱、透明、等温、等角、等差、等比、等布、等変、等辺、騰水、同心、動源、動作、動水、動臂、動理、動力、導水、導電、凸円、突出、突縁、内火、内弧、内射、内擺、内部、軟靭、二十、二重、二等、二輪、日暈、日星、熱脆、熱量、粘靭、年期、燃焼、燃料、波形、破壊、馬車、配景、配向、配布、排汚、排気、排出、排水、廃水、擺子、擺線、煤膠、白熱、白班、白墨、泊船、爆発、八角、八面、八分、発煙、発火、発条、発電、発熱、反働、反用、半円、盤蹄、比較、比対、比倫、比例、被鍛、避雪、避電、避難、避雷、微動、微分、百分、表面、標界、標定、不凝、不整、不導、附杆、附竿、附着、俯角、浮泛、普通、武科、風速、副斜、複合、複式、複心、複折、複慟、覆写、沸化、沸騰、物理、物量、噴管、分割、分子、分水、分度、分離、平均、平行、平衡、平射、平速、平版、平方、平面、平力、並行、壁装、片麻、返光、偏倚、偏稜、區円、區石、変脚、変曲、変速、変率、駢軸、保安、補助、方位、方格、方眼、方形、方径、方柱、方程、抛物、放汽、放射、放水、放吹、焙炭、飽和、防危、防臭、防衝、防水、防浪、紡績、紡綿、望遠、帽形、膨裂、没入、本管、本初、磨軋、磨毂、磨擦、埋頭、無液、無煙、無機、無頭、明細、毛細、木工、木材、冶金、輸水、輸送、有機、有泡、游脚、遊標、融解、予給、興地、用気、用水、用纜、容気、容熱、揚水、揚重、擁水、鎔鉱、鎔合、抑圧、螺糸、螺状、螺旋、羅針、乱石、襤褸、利器、里程、離合、離心、陸標、立方、陸用、立体、留砂、流射、流体、流電、溜汽、溜池、両脚、雨頭、量水、量体、量地、量程、諒必、輪機、輪歯、果頭、類分、冷剛、連行、連接、連続、煉瓦、練条、練紡、聯桿、聯筒、聯及、聯

105

車、聯動、鏈条、露側、露頭、漏油、六分、六面、六角、和炭、歪角、湾曲、湾率。

结尾型复合词

亜鉛、圧気、圧機、圧力、安定、引力、因数、煙櫃、黄銅、応力、屋頂、屋背、音器、下道、加速、荷重、臥材、外輪、概査、画規、活嘴、活節、活台、滑車、函数、圓線、関節、汽鑵、汽機、汽室、軌(・輞)間、軌(・輞)条、気球、基線、基礎、基点、基面、機械、機関、客車、級数、距離、共発、強弱、鞏定、曲尺、曲線、曲柄、曲力、金属、係数、経度、繋桿、繋釘、結構、頸象、限度、原点、減速、誤差、工学、工具、工師、工事、工場、公式、勾配、紅石、高度、構梁、膠灰、膠泥、合金、合弁、細工、材料、指器、視図、歯輪、示器、示線、磁気、軸架、軸距、湿度、射影、斜版、轆轤、重学、縦距、祝図、定柁、準器、小数、承台、照尺、衝程、畳式、織機、信号、図紙、図法、水車、水準、製図、石灰、石工、石炭、石提、石盤、接合、節器、截面、扇車、旋盤、線拱、鐫版、鐫具、装置、速度、唧子、唧筒、唧箭、測桿、測器、測儀、測量、測鏈、堆土、対数、単位、弾機、弾性、揺箭、着色、中数、中線、中面、拄材、鋳造、鋳鉄、張力、調帯、定規、底面、綴釘、鉄鉱、鉄砧、鉄鎚、鉄道、鉄版、填料、転子、伝熱、電気、徒弟、等辺、同形、動機、動力、道路、燃料、玻璃、馬力、擺子、反射、半径、板石、扶壁、浮廠、浮門、埠頭、敷道、噴泉、平衡、冪法、返動、偏差、変形、方位、方形、包金、膨脹、面体、余面、用具、容積、揚程、螺糸、螺旋、力学、力率、陸里、梁構、輪機、輪歯、歴試、瀝青、列車、煉瓦、聯機、歪輪。

第四章 近代科技汉语词汇的"汉语型化"表现及特点

  近代日语是指明治政府成立后，为适应国家近代化建设逐步建立的以东京中流社会普遍使用的词汇、语法、语音、声调为标准的语言体系①。近代化建设需要以近代先进的科技知识为先导，而知识的描述、表现与传递首先要从使用近代词汇开始。日本著名学者杉本つとむ认为"所谓（近代）词汇，是讲述生活的基本手段，同时也是新思潮的表现；是理解近代日本的精神轨迹、行动实态的有力构造之一"。②沈国威先生也认为"近代新词，尤其是其中抽象词汇的部分是西方文明的承载体与传播者，有时甚至被视作西方文明的本身"③。可见近代日语词汇的产生、发展与确立是在日本国家近代化建设的现实需求下应运而生的。新概念、新知识在国家"文明开化""脱亚入欧"的大旗下如潮水般地蜂拥而来，如何认识、介绍并命名它们，是近代汉语词汇体系得以建构的首要任务。但是，在翻译过程中翻译家们遇到的困难是空前的，在反复试错的过程中他们发现，使用日本传统本土语言——"和语"无法突破其所面临的困境，必须使用汉语，并在此基础上以型化的固定方式繁殖大量词汇，形成规模化的词汇群是解决这一旷世难题的有效途径。

---

① 日本放送協会放送史編集室.日本放送史上[M].東京:日本放送出版協会,1965:427.
② 杉本つとむ.近代日本語の成立と発展[M].東京:八坂書房,1998:314.
③ 沈国威.汉语的近代新词与中日词汇交流:兼论现代汉语词汇体系的形成[J].南开语言学刊, 2008(1):72-88.

第一节　近代科技汉语词汇的"汉语型化"现象

明治时期的《官报》《东京朝日新闻》《大日本农会报》等报刊是日本翻译与介绍欧美科技知识的重要窗口。因此，作者将考察的重点放在了当时日本最具有影响力的这些官方媒体上，同时以《大言海》《字源》《广辞苑》《新潮日本语汉字辞典》等为依据，参照森冈健二、杉本つとむ、沈国威等学者的研究成果，将"汉语型化"现象按照语音、构词成分、构词方式、词汇层等归纳如下：

一、采用音读的方法、模仿汉字发音并改变原有词汇的日式发音

汉字在日语中的发音通常有音读与训读两种，构成和语中基本概念的汉字一般采用训读的方式。到了近代，基本概念需要细分出更多属于下位概念的词汇来容纳新知识。为了区别于基本概念，同时也由于本身具备可复制性强的优势，音读逐渐取代训读成为代表新概念的词汇的发音。

例如，"ki-sei"（寄生）取代了"ya-do-ri-gi"的日式发音，"gei-kou"（芸香）取代了"hen-ruu-da"，"ken-shin"（拳参）取代了"i-bu-ki-to-ra-no-ka"，"kou-ka"（紅花）取代了"be-ni-ba-na"，"go-ka"（五加）取代了"u-ko-gi"，"ba-ben"（馬鞭）取代了"u-ma-tsu-dsu-ra"的发音等。

除了出现大量音读词汇外，还出现了部分音节的增删，即利用汉语的概括性、抽象性，制造出了各种缩略语。相较于提取词首假名的和语式缩略语与提取首字母（即音译假名）的外来语式缩略语，"汉语式"缩略语具有言简意赅、言近旨远的优越性。如"原子爆弹"可以缩略为"原爆"，"国有铁道"可缩略成"国铁"。由此可见，使用汉语词进行缩略可以拆繁就简、减少许多音节，使语言交流更加迅速快捷、简洁便利。

二、构词成分的汉语型化

日本人以对译方式创造新词汇的过程中，常常以某一个汉字或者一个汉语词对应西方语言词汇中的语素，并在此基础上创造出了大量以这些语素接头或者结尾的词汇群。这其中包含的日本自创词缀，更多的则是模仿中国式的构词语素。

日本自创式词缀：~中、~上、~性、~用、~化,等等。
模仿中国式构词语素：

结尾型：~費、~料、~金、~額、~税、~病、~害、~育、~室、~場、~書、~会、~法、~量、~品、~期、~器、~者、~員、~業、~生、~種、~類、~表、~業、法、~家、~産、~品、~場、~分、~米、~産、~地、~田、~糞、~種、~病、~害、殖、~肥料、~栽培、~機械、~材料、~単位、~物質、~現象、~遺伝、~組織、~作用、~作物、~分析、~反応、~法則、~指数、~試験、~管理、~条件、~効率、~因子、~要因,等。

接头型：諸~、不~、最~、好~、諸~、製~、総~、圧~、異~、性~、制~、精密~、異質~、異種~、異常~、遺伝~、完全~、免疫~,等。

三、构词方式的汉语型化①

日语科技词汇在构词方式上也受到了汉语的影响。科技汉语词汇包含的主谓结构、偏正结构、动补结构等都在日语中有所体现。

主谓型：地震、頭痛、事変、作物黄化、農用。
偏正型：新聞、現在、科学、牛肉、燃料、難題、集約栽培、稲作改良法、温床、円筒乾燥機、質量分析器、打谷具、脱穀機、稲赤枯病。
並列型：報道、派遣、運送、移動、闘争、組織、学習、道路、身体、鋼鉄。
动宾型：選種、育種、製鋼、喫茶。
动补型：破壊、打倒、通過、増加、圧縮。

四、"……化、性、率、感、式"等词尾结构以及"动词+中"的进行时模式

仿照日语传统构词法中的接尾结构创造出了具有近代含义的汉语词缀，"语言富有生命力的重要表现是其具备强大的增殖能力②"，大量词缀现象的出现往往是这种能力的反映，如"化""性""率""感""式"等，对性质、形状、状态、用途等进行限定修饰。具体而言：

"化"：液化、酸化、蔵化、硫化、沃化、塩化、消化、軟化、溶化、炭化、気化、沸化。
"性"：延性、慣性、頑性、剛性、性質、弾性、展性、分性、屈折性、苟性、緩性、中性、変性、異性、色性、悪性、陰性、仮性、乾性、急性、劇性、植性、実性、酥性、病性、慢

---

① 沈国威. 近代日中語彙交流史：新漢語の生成と受容[M]. 東京：笠間書院,2008:30-37.
② 李红. 近代日语词汇体系型化过程中汉语同构现象探考[J]. 或问,2015(2):53-60.

性、毒性、硬性、脆性、粘性、鎔性。

"率":能率、倍率、曲率、軸率、効率、楕率、力率、変率、湾率。

"感":感応、感易、感応器、感覚、感染、感伝、感冒。

"式":解式、公式、畳式、複式、二項式、虚式、単式、範式。

"动词＋中"表示进行时的出现也是近代日语构词法的一大创新。日语的"中"字后置语素用法最早可以追溯到日文古典中。其中,表示空间含义的词最为广泛,《古今集》里有"世中"一词,《今昔物语》《义经记》等作品里也零星见到"山中"等词例,其意皆来源于中文,相当于"范围内"。与此相比,表示时间"中"的词汇在数量上远远少于前者,仅在江户初期的一篇随笔里看到"乾隆中"一例,这明显是采用了汉语的说法。除此以外,也有"女中""老中"一类日语独有的表示"人"的词,还有"的中"等从中文里借用的动词性用法,但这些用法数目极少,并未成为主流。

"中"字后置语素表示的词义扩张主要开始于明治初期。福泽谕吉在译著《万国公法》中,首创了"世界中"一词。随着明六杂志对这一用法的接收和传播,"中"字表示"整个地方"的用法开始固定下来。同样突破了中文用法的还有"忌中"一词,从此"中"字前面开始出现了伴随着某种行为的词。明治二十五年(1892年)左右,德富苏峰在《读书余录》中,第一次将英文的"during the funeral"译为"忌中",后来又将英语的"be indispute"译为动作性更强的"纷争中",表示正在进行的动作。此后,该用法被广泛运用于近代科技词汇中,如"作動中""稼動中"等,表示机械、机器正在运行。

五、词汇层的汉语型化

上文第二部分围绕构词语素的汉语型化问题展开,词汇层的汉语型化则是建立在其基础之上的。通过共同的构词语素拓展出一系列具有相似特征的词汇,形成词汇层,且由此进一步构筑成近代学科词汇体系。

器:質量分析器、選別器、大豆精選器、米選器、運搬器、丈量器、干草器、刈草器、噴霧器、噴粉器、受容器、気化器、溝明け器、量水器、冷却器。

具:農機具、打谷具、脱稃具、精米具。

机:圧縮機、揚返機、揚水機、起重機、炒葉機、粉砕機、遠心機、乾燥機、円筒乾燥機、澱粉製造機、籾剥機、籾摺機、精米機、収穫機、製粉機、綿剥ぎ機、送風機、排水機、発動機、変速機、切開機、毛羽取機、溝掘機、蓆織機、削岩機、暗渠穿孔機、餅搗機、誘導電動機、戦闘機、敵機、機体、機種、機首。

机械:動力機械、揚水機械、酪農機械、木材削截機械、木工機械、機械加工、機械化、機械効率、機械耕、機械装置、機械選別、機械受容器、機械排水。

器具:收穫用器具、加工器具、運搬用器具。

装置:保護装置、冷却装置、通風装置、灌流装置、冷房装置、暖房装置、連動装置、調節装置、locking装置、切断装置、排出装置、梱包装置、自动供给装置。

第二节 "汉语型化"相关理据分析

日本明治政府成立后,急需建立普遍适用于社会发展的标准语言体系,以跟进国家紧锣密鼓的近代化建设步伐。而"语言事实告诉我们:所有的语言单位(语素、词、词组、句子)都是由词语来充当、构成的;语言的功能(思维功能、交际功能)也是以词语的功能为基础而实现的","词汇不仅是语言体系存在的基础,也是语法系统存在的基础,一旦没有了词汇,语法以至于整个语言都不再存在了[①]。因此,创制标准的科技词汇体系以译介西方科技文明成为必须突破的首要难关。但是,在翻译过程中"这些翻译家们遇到了前所未有的困难,他们发现使用日本原有的语言——'和语'根本无法完成这一艰巨的任务,必须使用汉语来解决这一旷世难题[②]"。学者们之所以如此主张,大概源于以下两个方面的考量:

一是自古以来日语与汉语就形成了密不可分的关系。公元五世纪左右,汉语传入日本并逐渐成为官方语言。据《日本书纪》《古事记》《续日本纪》记载,公元405年乐浪郡(公元前108~公元313年,汉朝政府设立在朝鲜北部的地方管辖机构)人王仁受應神天皇的邀请,赴日教授皇子兔道稚郎子汉文,并随机献上《论语》及其释文共十卷,至此汉语传入日本。八世纪末,汉语逐渐演变成日本官方书面表达语言。而传入日本的汉语词汇,"作为日语所用的单词中按汉字音读音的词语,及汉字复合词"(《新世纪日汉双解大辞典》),与和语共同构成了日语词汇系统。可见,日语早在诞生之初就打上了深深的汉语烙印。

二是汉语在语用功能与适用度上形成了对日语的补偿优势。较之和语,汉语富有概括性与抽象性,具有可描述科学思想、理论逻辑的优势,如"经济""收益""发育""真理""组织""病理学"等。因此,当和语无法直接对译具有抽象、概括意义的大量西方新词时,始终如影相随又符合现实要求的汉语就成了最优选择。

具体而言,从语用机能来看,语言的效益主要体现在两个方面:一是"传达机能"的实现。"传达机能"是以语法、发音为手段,以词汇为单位的意义与概念的传

---

① 陈庆祜,周国光.词汇的性质、地位及其构成[J].安徽师大学报(哲学社会科学版),1987(3):94-101.

② 李红.近代日语词汇体系型化过程中汉语同构现象探考[J].或问,2015(2):53-60.

达,目的在于有效地促成人与人之间的交流。它的交际性与实用性是语言富有活力,得以代代传承、不被湮灭的基本要因。二是"描写机能",又叫"叙述机能"的达成。它像"将对象定格在胶片中的照片、将现实的声音录音在胶带上的录音机那样,通过人的头脑作用将世界上所有的现象、事物表现在语音、文字上。"①描写功能的目标在于实现人们对世界的认识与思考。它的叙述性、记录性是语言更富有持久生命力,促进人类文明水平向纵深处演进的重要手段。"传达机能"与"描写机能"是对立统一的关系,两者既有区别又相互作用,在语用语境中起着不可分割的作用。

基于上述陈述,长期处于农耕社会的日本,其"传达机能"与"描写机能"主要围绕农业生产等劳动密集型生产方式展开的,在遇到以机械使用为主要手段的近代西方科技文明时,明治时期的科技词汇体系遭遇了前所未有的危机。无论是人们对西方科技的文字描述还是口语表达,都无法在传统社会语境中找到标准或答案。

翻译学者们绞尽脑汁、千方百计地探寻两种语言在词汇语境中如何实现代价最少、误差最小的对接。他们发现或下意识地注意到问题的焦点主要集中在两种机能的实现上。为了解决这一难题,需要从两个方面入手:"一种是用说明法应对,即用句子、短语或词组进行说明解释;另一种是直接造新的词,对外来概念加以命名。"②由于科技词汇属于专业术语领域,仅靠解释、说明手段是无法完成近代科学技术与学科建设发展目标的,所以创制承载着新概念、新信息的新词汇必然是优先选择的方式。而怎样选择、如何破解这一难题,从历史渊源、现实情势与汉语的天然优势来看,借用汉语似乎成为了不二法则。

首先,从历史演变结果来看,"和语"对汉语的依存关系决定了现有日语语言系统的特点与选择。如上文所述,历史上汉日语言交流密切频繁、源远流长。十世纪初,日本出现了自己的文字——假名。假名分为平假名与片假名两种,分别借用汉字的草体与偏旁转化而来,故称"和字",即"和制汉字"的意思。"假名诞生之前,(日本人)只用汉字书写日语。所以,长久以来汉字是书写日文的文字。随着时间的流逝,日语在许多方面都发生了变化,而'使用汉字书写日文'的事实却从未改变。就'书写'方面来看,汉字与日语的关系已亲密无间、无法分开。"③由此,以一字一音节的方式主管表音的"和字"系统,与主管书写表意的汉字系统不断磨合演变、各司其职,至19世纪中叶已共同构筑起了传统的日语词汇系统。明治时期,当"和语"无法满足实际需求时,早已进入系统内的汉语近水楼台,首先具备了被优先选择的可

---

① 鈴木孝夫. 日本語と外国語[M]. 東京:岩波新書,2007:3.
② 沈国威. 近代日中語彙交流史:新漢語の生成と受容[M]. 東京:笠間書院,2008:7-19.
③ 今野真二. 日本語の近代[M]. 東京:ちくま新書,2014:8.

能条件。

其次,从语言使用的现实性、工具性来看,"和语"实用具体、表意简单,紧贴日本人的日常生活,生动而具体地描绘现实景观的词汇很多,这主要围绕渔业、种植业等生活环境展开,而日本人甚少接触的畜牧生活词汇就显得极为匮乏。汉语体系有与之对应的字或词,因此,这些词汇的一一对译需要参照、借用汉语来完成。如,日本是海岛国家,国民以食鱼为主,因而有关鱼类的"和语"词汇异常丰富。仅以鲈鱼为例,幼鱼叫"コッパ(koppa)",体长十五厘米以下叫"はくら(hakura)"。一岁且体长介于十五厘米至十八厘米之间的叫"セイゴ(seigo)"或"デキ(deki)";两岁到三岁且体长在35厘米左右的分别叫作"ハネ(hane)""フッコ(fukko)""マタカ(mataka)""マダカ(madaka)";四岁以上且体长在六十厘米以上的叫作"スズキ(suzuki)"。有关肉食种类方面的词汇,传统和语只有一个"肉(niku)",不像英语和汉语分为"牛肉(beef/veal)""猪肉(pork)""羊肉(mutton/lamb)""鸡肉(chicken)""鸭肉(duck)""鹿肉(venison)"等。[①]

第三,从词汇系统内部结构来看,"和语"基本词汇多集中在动词、形容词与助词范围内,叙事性、描述性等通过视觉器官感知的词汇多,富有概括性与抽象性、描述科学思想、理论逻辑的专业词汇却非常少。在日本人看来这类词与自己生活的世界偏离很远,抽象虚空、艰涩难懂,很难与"和语"形成对接,实现等价式翻译,如"農事改良""農家経済""農家収益""農業組織""作物遺伝""農業病理学"等。这些词汇或直接源自中国或利用汉字翻新。"如果没有汉字的帮助,日语就不可能作为传达所有信息的手段被教授、被使用。这表明了日语(词汇)的匮乏。"[②]

第四,从科技词汇的表记方式来看,中国明清时期对新词汇的翻译成果使日本站在了巨人的肩膀上,在享用来华传教士马礼逊、罗培德以及中国学者们的草创成果时,他们也顺便承袭了汉语的表记方式。最典型的莫过于方以智的《物理小识》。日本著名语言学家杉本つとむ在其著作《近代日本语的成立与发展》中指出,兰学所使用的译词"宇宙""文理""真理""矛盾""石油""望远镜""体质""发育"等词汇在《物理小识》中均有记载,经他随意截取的与近代日语有关的词汇竟多达271条。现在已有确切证据证明当时的日本学者对此书进行了参考与借鉴。如研究日本物产学的自然科学家平贺源内在其著作《物类品隲》中,每当就某一词汇展开讨论时,就直接标示出"物理小识曰"。杉田玄白是日本最早、最完整的西洋医学译著《解体新书》的主要作者。1826年,他的得意门生、著名兰学家大槻玄泽补译并修订《重订解体新书》时,在该书"翻译新定名义解"中明确指出有关翻译与译语的选择参看

---

① 垂水雄二.厄介な翻訳語:科学用語の迷宮をさまよう[M].東京:八坂書房,2010:6.
② 安江良介.翻訳の思想:日本近代思想体系[M].東京:岩波書店,1991:327.

了《物理小识》①。这表明使用汉语表记专业术语已有先例,且是可行的。明治维新后,这种使用方式得到进一步的发展并被快速推进,以最能提供证据的字典辞书为例,明治二年《萨摩辞书》,汉语占21.5%;明治六年(1873)《附音插图　英和字义初版》,汉语占31.4%;明治十五年(1882)《增补订正　英和字义第二版》,汉语占36.2%;明治二十一年(1888)《附音插图　和译英字义》,汉语占55.9%。②

第三节　"汉语型化"特点及实质分析

从目前语言学界对词的一般定义来看,主要是围绕着语音、语义、语法核心三要素展开的。词可以概述为"语音与语义的结合体""最小的造语单位""可以独立运用的造语单位"等。③基于此,新词的创制必须具备一定的语音形式、描述概念性意义、可组合使用的语言材料等三个基本语素。简而言之,就是可发音性、可概括性与可繁殖性。日本近代科技词汇的出现与成型正好满足了这三个基本要素的要求。基于上述材料,具体表现在以下几个方面:

一、出现大量模仿汉字发音的中日借用词和中日同形词。

如以"音读"形式仿借汉语发音:機械化(ki-kai-ka)、科学(ka-gaku)、破壊(ha-kai)、異種(i-syuu)、遺伝(i-denn)、粉砕機(funn-sui-ki)、受容器(jyu-you-ki)、加工器具(ka-kou-ki-gu)、農事(nou-ji)、農家(nou-ka)、農用(nou-you)、農作物(nou-saku-butu)、肥料(hi-ryou)、良種(ryou-syu)、試験地(shi-kenn-chi)、農業改良(nou-gyou-kai-ryou)等。仅有极少数词汇仍按和语发音,如石摺(i-shi-zu-ri)、青刈(a-o-ga-ri)、慈姑(ku-wa-i)、死茧(shi-ni-ma-yu)、混合(ma-ze)、饲育(o-da-te)等。

二、出现大量使用汉字表达抽象概念的新名词

1956年,日本著名国语学者大野晋发表了轰动学界的《大野词汇法则》。从《万叶集》到《源氏物语》,包括期间《徒然草》《方丈记》《枕草子》等九部优秀古典作

---

① 杉本つとむ.近代日本語の成立と発展[M].東京:八坂書房,1998:369-377.
② 森岡健二.改定近代日本語の成立　語彙編[M].東京:明治書院,1991:7.
③ 葛本仪,王立庭.建国以来对"词""词汇"概念的研究[J].语文建设,1992(4):31-35.

品为研究对象,对名词、动词、形容动词、形容词的构成频率进行数据统计时,他发现如果以各部作品为节点划线连接的话,名词呈直线下降趋势,其他词汇则呈直线上升趋势。显然,传统日语名词具有先天发育不足的缺点。使用汉字表达抽象概念弥补了这一不足,这在农科日语上尤为明显。如農談会、農会、共進会、農場、農務局、農商務省、農業組合、組織、農学校等农业组织的命名,農学、農業科、農学士、試験田、試験地、試作、試作場、混同農、農家教育、農家収益、農家経済等农业科技名词的使用等,都大大丰富了当时的专业词汇系统。

三、出现大量类词缀现象

语言富有生命力的重要表现是其具备强大的增殖能力,而大量类词缀现象的出现往往是这种能力的反映。在构词成分上,学界对类词缀与成词语素之间并没有十分明确的划分,本文也无意在此过多讨论。两者作为能产性很强的语言材料,其"语义不是通过一般的虚化产生的意义,而是通过类推机制形成的一种组合能力强的类化(泛化)义","由类词缀构成的派生词既具有一般附加构词的能产性,又保持了实语素复合构词的理据性。新生的、类推潜能强的类词缀的产生,增强了汉语创造新词的机制,丰富了汉语的表达功能"[1]。科技汉语词汇正是通过对汉语词缀或成词语素的大量使用,以及在构词方式上的一并借用,如实反映了汉语组合能力高、产殖性强、表达功能丰富的优势与特点。如:日本明治时期《農談会报告》中以"法""種""費""家""期""量""用""最""不"等前后词缀为例:

法:農業保険法、耕作法、稲耕種法(漢語)、選種法、水撰法、土宜便法、習慣法、奨励法、稲作改良法、治水法、栽培法、農業簿記法、葡萄栽培法、肥料増加法、牛馬飼養法、肥料栽培法、挿植法、収納法、苗養成法、飼育法、駆除法、防除法、蕃殖法、管理法、貯繭法、灌漑法。

種:悪種、蚕種、黴菌、麦種、胡瓜種、交換種、在来種、純粋種、純粋乗用種、農用種、純粋短角種、純粋貨車用種、雑種。

費:施肥費、挿秧費、除草費、整地耕鋤費、収納費、雑費、製造費、農具修繕費、経費、培養費、蒔付費、駆虫費、会議費、諸費、奨励費。

家:実業家、農業家、老農家、農事熱心家、生糸家、稲作家、学術家、養蚕家、製糸家、種禽家。

期:収穫期、刈期、除草期、播種期、移植期。

量:播種量、播量、用量、種量、収量、肉量。

---

[1] 苏宝荣,沈光浩.类词缀的语义特征与识别方法[J].语文研究,2014(4):6-10.

用:肥料用草刈場、隣村用悪水、醸造用、馬車用、種子用、費用、繁殖用、生食用、罐蔵用、肉用、食用。

最:最有効、最良種、最進步。

不:不利益、不健康、不親切。

四、出现了有范畴类别意义的词汇层

科技词汇是科学技术的语言载体,而"科学技术是人类对某一客观现象进行认知的系列活动,具有系列性、多层面性与连续性等重要特点","在词汇层面的体现上,就会出现以某个词为基点的大量的相关词汇,即有的学者认定的'科技词汇的家族性特点'[①]。"如"机""器""具""器具""机械""装置"等基本词汇,反映了在科学技术的推动下,人们对传统手工或畜力向机械动力转变的认知情况。具体而言,"具"是"人们为达到某种目的而使用的器物、道具";"机"原指"织布的道具",现引申为"构造复杂,可自行运动的道具",相比"放物品的道具""器"而言,更突显物体结构的精巧复杂。[②]"机械"指"从动力源接受动力,重复一定的运动,做一定的功的装置,主要指一旦开机,就可以不借助人力而自动运作的装置";"器具"指"结构简单的机器、工具";"装置"指"安装机械、机关等,亦指安装的设备"。[③]

故而,在此认知的基础上,日本仿借"织机""棚机""文具""渔具""雨具""食器""陶器""漆器"等原来汉语的类别意义,创建了大量具有现代动力意义的新式科技词汇。

总之,汉语获得认同的原因在于翻译事物概念,尤其介绍欧美人科技用语方面,起到了不可替代的同构作用。日本近代词汇建构初始时,语言的标记沿用传统上的做法全部使用汉语,重点在天文、地理、理化、历算、医术、药学、航海、炮术等领域逐步构建一定的词汇群,形成了早期的科学术语体系雏形。这表明当时科技语的生成与定型是汉语借用的重要形式。明治时期,近代化建设成为国家建设的重中之重。毋庸置疑,科技知识的推广与普及成为政府的第一要务,不过学问首先由语言导入,而语言需由词汇表达,因此新式科技词汇的创制、使用与传播成为了这场革命的急先锋,也成为近代科技语言建构的焦点领域与示范标本。

明治时期日本在借用汉字"凭音表意"地创制新式科技词汇上恰恰表明了汉语具备与西方文明接轨的语言潜质与生命力。通过本书的实证研究,我们可以看出

---

① 王晓凤,张建伟.科技词汇的范畴化动因及其语义认知与翻译[J].中国科技翻译,2011(4):1-4.

② 佐藤隆信.新潮日本語漢字辞典[M].東京:新潮社,2008:222,1179,441,1180,442,2027.

③ 松村明,等.新世纪日汉双解大辞典[Z].北京.外语教学与研究出版社,2009:594,600,1487.

汉日语言的历史依存关系、汉语富有抽象性与概念性的优质特性、汉字的高结合度与旺盛的产殖性是近代日语词汇体系建构过程中汉语起到同构作用的关键。日本人也许发现或意识到了这一奥秘，他们想方设法将其落实到了实处并取得了显著成果。故此，日本学者今野真二指出："汉字、汉语对日本、日语来说是长久支撑'公共生活'的存在"[①]，将汉语糅合入日本而进行地孜孜不倦的努力至今仍未停歇。如果断言汉语扰乱了日语就与其一刀两断、将其舍弃的话，"我们很容易否定掉与现在关系密切的过去、充满新式表现的将来以及在社会中引起多样变异的现在"[②]。

由此可见，汉语的历史功绩是不可以一带而过的，它的出现、传播与定型对近代以来的日本甚至广大汉语文化圈的变革与演进、固型与发展，都起到了无法替代的划时代作用，而这种作用至今绵延不衰、方兴未艾。正因为如此，它也在提示我们，中国传统的语言文字经过漫长的历史选择与考验，形成了与自身社会文化相匹配的特点与体系，在与异质文化发生摩擦、冲突的时候，我们是指责、破坏它，还是竭尽所能地维护它、发展它、创新它，也许日本的做法值得参考与借鉴。

---

① 今野真二.日本語の近代[M].東京：ちくま新書，2014：12.
② 笹原広之.漢字に託した『日本の心』[M].東京：NHK出版，2014：4.

第五章 科技汉语词汇体系受容机理分析

耗散结构理论由比利时物理化学家、理论物理学家普利高津所创,该理论在不违背热力学第二定律的前提下,阐释了开放条件下的系统自发地从无序变为有序的机制,主要研究系统与外部环境之间的物质与能量交换关系及对自组织系统的影响等问题。该理论一经面世,便被引进多个不同领域,"耗散结构理论的研究对象是开放系统,而宇宙中各种系统,不论是有生命的、无生命的,实际上无一不是与周围环境有着相互依存与相互作用的开放系统,因而这一理论涉及范围之广,在科学史上可以说是罕见的。无论物理、化学、生物、地学、医学、农学、工程技术,甚至哲学、历史、文艺和经济等,都可以应用它的研究成果"[①]。

在当今的语言学界,语言可被视作一个系统这一看法早已获得广泛承认与支持,而对于其是否为开放系统,我国较早提出语言具有自我调节功能的王希杰教授就明确指出,语言是一个开放的大系统,自我调节功能是一个开放的大系统的最本质的特征[②]。说语言系统是一个开放系统,主要由于语言的交际职能决定了这一系统必须随着社会的发展与变化而与外界进行信息交换,也就决定了该系统必须是开放而非封闭的。语言系统如果处于封闭、静止的状态,不与外界进行信息或能量的交换,那么这一系统最终只能迎来退化或死亡的结局,比如出现不再为人使用的"死语",抑或是导致整个语言失去生命力而最终消亡。因此,日语系统作为一种开放的语言系统,同样适用于耗散结构理论。

词汇在一个语言系统中占据着极为重要的地位,它是构成语言系统的三要素

---

① 湛垦华.普利高津与耗散结构理论[M].西安:陕西科学技术出版,1998:351.
② 王希杰.汉语的规范化问题和语言的自我调节功能[J].语言文字应用,1995(3):12.

之一。语言系统的三要素分别是哪三个目前仍有分歧,夏中华指出,传统语言学将语音、词汇、语法作为语言系统的三要素,而现代语言学则认为是语音、语义、语法,将词汇分解到了语义与语法之中,这两种观点都各有其合理与不合理之处。①但不论哪种观点,我们都可以明确地认识到词汇在语言系统中的地位。"就词汇在每一种语言体系中的地位与作用看,它是语言的建筑材料。"②词汇是一个集体概念,所有的单词与词组构成一个词汇系统。词汇的多寡和丰富与否也决定着该语言的发达程度与丰富性,"词汇反映着语言发展的状态,词汇越丰富、越纷杂,那么语言也就越丰富、越发展"③。古代日本吸收了大量汉语词汇以填充其词汇体系,使和语难以描述、形容的抽象性、逻辑性强的词汇得以通过汉字词进行表达。近代日本在接触西方先进科技后,大力引进、翻译西方科技书籍,对于新鲜词汇多采取译作汉语汉字词的方式进行翻译。近代科技汉语词汇主要包括日本人自创的和制汉字词、借用中国作者所著书籍中的词汇,以及来华传教士所译著作里的中文词汇等。这些新词在被创制或引进后,并没有简单地直接进入日语词汇体系,而是经过了一系列较为复杂的过程,在日语词汇体系的自我调节中逐步稳定后,才渐渐完全融入体系之中。

在本章内容中,笔者将利用普利高津的耗散结构理论,分析近代科技汉语词汇体系的受容机理,以阐释近代科技日语系统中的自我调节作用的具体表现,并概述近代科技日语体系的演变路径。

第一节 系 统 论

语言工具论与语言本体论都蕴含着探索语言演变原力的逻辑诉求。语言哲学研究表明,社会的需要是推动语言发展的重要原动力,它对语言的影响一般通过语言的调节功能来实现。由于语言是有着自身发展规律的客观实在,一旦成型就无法被随心所欲地改造,因此自我调节功能是保证语言系统性、功能性得以实现发展的主要手段。

"所谓语言的自我调节,其实就是语言对平衡状态的一种追求,也就是语言对混乱状态的重新组合能力与保持自身相对动态平衡的一种活动。"④就是说,语言为

---

① 夏中华.现代语言学引论[M].上海:学林出版社,2009:61.
② 夏中华.现代语言学引论[M].上海:学林出版社,2009:62.
③ 斯大林.马克思主义与语言学问题[M].北京:人民出版社,1957:21.
④ 王希杰.论语言的自我调节功能[J].柳州职业技术学院学报,2002(2):19.

了满足人们的表达与交流需要,在不断发展、变化的社会产生原动力的驱使下,需要迎合社会需求发生一定的改变。这种改变或大或小,或对处于相对平衡状态的语言产生较大冲击,或者只是为平静的水面带起一层涟漪,无论如何,这种改变都会对语言系统的平衡态造成影响。平衡状态被打破,语言系统内部就会产生混乱,而难以保持自身相对动态平衡的语言系统便无法充分满足人们的交际需要。在这种情况下,由于人类无法通过自身的主观意志改变一个语言系统,因此面对不平衡的、混乱的语言现象,语言系统自身追求平衡状态,通过系统内部的力量重新整合混乱的因素,使系统的不平衡状态逐渐向平衡态转变,最终保持自身相对的动态平衡,以一个稳定的状态实现语言的交际职能。

　　语言系统内部因素的改变可能是由于社会发展导致的旧事物、旧概念的更新演变,也可能是由于新事物、新概念的出现与使用。用于表达旧事物与概念的语言在以前的社会环境中是合适的、贴切的,但放到现在的社会环境中可能是过时的、偏离的、不够准确的,这些语言要素为了防止被语言系统的自我调节机制所淘汰,就必须迎合社会发展去实现适当的调整,以满足语言实际需要的诉求。另一方面,随着社会的发展与科技进步,面对层出不穷的新事物与概念,语言系统需要新词汇甚至是新的表达方式去描摹它们。这些新词的产生可能来源于该语言系统的内部,也可能来自外部,即其他语言系统所带来的刺激与冲击。这些新产生的语言要素同样要经过语言系统内部的自我调节过程,去除羡余,填补空缺,将原先的混乱状态整合成平衡态,并按照语言规律沉淀、稳定新的表达形式且保持常态传承下去。

　　语言系统是一个开放性的系统,语言系统的自我调节机制中体现着耗散结构理论的应用机理。"一个开放系统(不管是力学、物理学、化学,还是生物学、社会学的系统),在从平衡态到近平衡态再到远离平衡态推进的过程中,当到达远离平衡态的非线性区时,一旦系统的某个参量变化达到一定的阈值,通过涨落,系统就可能发生突变,即非平衡相变,由原来的无序的混乱状态转变为一种时间、空间或功能有序的新的状态"[①],这种远离平衡态的新的有序结构就是耗散结构。耗散结构并非在任何条件下都能发生,需满足以下条件:系统是一个开放的系统;系统是一个远离平衡态的系统;系统内各要素之间存在着非线性的相互作用。也就是说,体系的开放性、远离平衡态以及体系内要素结构的非线性作用是决定系统自主协调发展的关键。

　　开放性是相对于封闭性而言的、外物可介入空间或集合,是系统自组织变化的前提条件。远离平衡态是相对于平衡态与近平衡态而言的、系统内不均匀的状态,

---

① 沈小峰,胡岗,姜璐.耗散结构理论的建立[J].自然辩证法研究,1986(06):47.

它能使体系具有足够的反应推动力,推进无序转化为有序。非线性作用是相对于线性作用而言的,"只有存在非线性相互作用,才能使各个要素形成协同和相干效应,从而实现系统从无序到有序的演化"①。对于语言系统来说,这三个要素的共同作用是主导性的,也是关键性的。

第二节 近代科技汉语词汇体系的确立

近代科技汉语词汇体系的建构与形成起始于社会原力的推动。来自西方的新事物、新概念潮水般地涌入,造就了日语词汇同西方词汇的碰撞与融合,而"研究一种语言在面对外国词时起怎样的反应——拒绝它们、翻译它们,或是随便接受它们——能够帮助我们了解这种语言内在的形式规律"②。

如第四章引言部分所述,日本的近代化建设离不开近代词汇的使用,而如何将大量新鲜的外来科技词汇译为合适的日语并使其顺利进入近代日语词汇体系,就成为当时致力于此的日本学者的首要任务。虽然"近代日语"的时间范畴被定义为明治政府成立之后,但是西方文明,尤其是西方科技文明,并非是从明治时期才开始进入日本列岛的,在江户时期日本就已经出现了前文所提到的"兰学"学派。其学者被称为"兰学者",其中"兰"指荷兰,因当时日本人通过翻译荷兰语书籍而接触到了西方文明。最早的兰学者被认为是青木昆阳和野吕元丈,是他们二人开启了荷兰书籍的翻译工作。在他们之后,杉田玄白、小野蘭山、大槻玄沢、平田篤胤等兰学者辈出,为日本吸收西方先进文化、文明做出了巨大贡献。事实上,早在这一时期,日本学者就已经面临如何将西方新鲜的概念合适、贴切地译为日语的这一重大问题。对于当时的日本人而言,受限于其本土语言"和语"在抽象性概念上的描述困难,汉语由于较之和语更为科学、严谨、权威而被日本学者优先选择。同时,他们也承袭了来自中国的部分译词。以方以智的《物理小识》为例,这本由明末清初的学者所撰的科学巨著中就有很多至今仍存在于科技汉语词汇体系中的译词。如"宇宙""文理""真理""矛盾""石油""望远镜""体质""发育"等词汇就是日本学者承袭了《物理小识》中的科技译词。另一方面,对于无法在中国书籍中找到可供参考的译词的情况,日本的兰学者们积极地采取将西方科技词汇译作汉语词汇的方式,创造出了大量和制汉语词(日文即"和製漢語"),其中也包括少量的国字(和制汉字)。大批新造和制汉语词出现于江户中期到明治时期,这和西方新词大量涌入日

---

① 孙艳新.自组织理论视阈中的创新思维研究[D].中共中央党校硕士论文,2009:31.
② 萨丕尔.语言论[M].陆卓元,译.北京:商务印书馆,1985:174.

语词汇体系有着很大关联。

到了明治时代,日本学者基本延续了兰学时期的翻译、造词方式,近代科技汉语词汇体系也在明治政府的改革途中逐步完善并最终确立下来。可以说,兰学时代是近代日语词汇,尤其是近代科技汉语词汇体系建构的初期阶段。在这一阶段,日本学者一方面站在"巨人的肩膀"上承袭、参考了中国已有的西方科技词汇译词,另一方面也以汉语译词、造词的方式吸收西方的先进文明。兰学时代日本近代词汇建构初始时,语言的标记沿用传统做法全部使用汉语,重点在天文、地理、理化、历算、医术、药学、航海、炮术等领域逐步构建一定的词汇群,形成了早期的科学术语体系雏形。由此可见,当时科技词汇的产生与定型离不开汉语的巨大支撑作用,这是近代科技汉语词汇体系的显著特征之一。

在近代科技汉语词汇体系的建构过程中,新词的生成、固定并不是一蹴而就的,它同样需要经过所处系统内部的语言自我调节,在调节过程中逐步进行调整、转变,最终在系统内部获得稳定。中国曾将电话译作"德律风",并由于其不直观、不实用而最终被和制汉语词"电话"所取代。由此反观日语,我们可以推断,近代科技汉语词汇体系也大致经历了这样的过程。

如前文所述,日语系统是语言系统的一种,词汇是日语系统下的一个子系统,在整个词汇体系下近代科技词汇也同样是其子系统。由此我们可以认为,近代科技汉语词汇体系同样是一个开放的系统,普利高津的耗散结构理论适用于解释其受容机理。以下从耗散结构的三大要素依次总结其表现:

一、体系的开放性

近代科技汉语词汇体系的开放性主要表现在外来词汇的引进、生成与转化,具体包括新词的补位、筛选、调整与定型,即从简单输入到建立强制性范式。

如前文所述,传入日本的中国科技书籍使得日本学者在翻译西方科学概念时站在了巨人的肩膀上,大量中国的汉语译词被吸收进日语科技词汇体系之中。此处我们再以第二章中所引用的"近代日语中与《物理小识》关联的词汇表"为例,笔者将其中的部分科技汉语词汇摘录如表5.1所示[①]。

表5.1 近代日语中与《物理小识》关联的词汇表

引用类别	科技汉语词汇
天类	天文、石油、暗礁、蒸馏、火气

---

① 杉本つとむ.近代日本語の成立と発展[M].東京:八坂書房,1998:376-377.

续表

引用类别	科技汉语词汇
暦类	赤道、黄道、恒星、望远镜、视差、远镜、经纬度、日食、月食、地球、乘除
风雷雨旸类	湿气、树脂、体质、发育
地类	类推、死海、呼吸、地动、空气、地震、水晶、宝石、宇宙、沙漠、杀虫
人身类	循环、肺管、食管、幽门、直肠、动脉、血脉、肾水、膀胱、生物、毛孔、针灸、记忆、脑髓、腋毛、阴毛、小儿夜啼法、失神、中风
医药类上下	经络、霍乱、肺病、便秘、咳嗽、按摩、胎毒、外科、药性、金属、钟乳、骨折、鸡眼、食盐
饮食类	顿服、消化、半熟、鸡卵白、中毒
金石类	镀金、金箔、试金石、金刚石、火药、石墨、玛瑙、化石
器用类	蜡封、视差法、测量、石脑油、沥青
草木类上下	早熟、接木法、插花法
鸟兽类上下	泻痢、败毒散、热病、
鬼神方术类异事类	铁浆、失明、木工、验针法、雷电铁索、写真

从表中可以看到,很多近代科技汉语词汇都与《物理小识》有关。杉本つとむ指出,"无论如何,我们都不得不承认,日本人在提取欧洲新的医学与自然科技知识时,《物理小识》扮演了重要的媒介作用"[①]。可以说,日本在引进西方新词时,有一部分就是从中国引入的,他们直接吸收了中国学者以及在华传教士的翻译成果。

除了直接承袭中国书籍中的译词之外,日本人自己在引进西方先进科技词汇时,优先选择用汉语即以汉字词的形式进行翻译,其中既有音译词也有意译词。如汉语中依然还在使用的"瓦斯"一词就被证明是日本人所造,系当时的日本人音译自荷兰语的"gas"。虽然现代日语中已经直接用片假名"ガス"来表记这一词汇,但日本现存的有些井盖上面依然写有"瓦斯一九二一"这类文字。[②]再如"哲学"一词译自"philosophy",采用了意译的翻译方法。以下再列举一些兰学及近代英学中有关科技的和制汉字词,这些词汇也延续到了现代日语之中:引力(attraction)、元素(element)、视觉(sight)、细胞(cell)、冲动(impulse)、物质(matter)、感觉(sensation)、逆说(paradox)、质量(mass)、特质(characteristic)、味觉(taste)、触觉(touch)、比率(ratio)、科学(science)、外延(extension)、盖然(probable)、肯定(affirmation)、进化(evolution)、全称(universal)、特称(particular)、内包(intension)、派生(derivation)、

---

① 杉本つとむ.近代日本語の成立と発展[M].東京:八坂書房,1998:358.
② 李大建.瓦斯一词的由来[J].中国科技翻译,1991(3):56.

烦琐(subtlety)、原因(cause)、前提(premise)、分化(differentiation)、命题(proposition)、要素(factor)、理证(certainty)等。①这些新词的引入与生成,填补了当时科技词汇体系的空白,为近代科技汉语词汇体系的构建注入了大量的新鲜血液。

在对新词的引进、生成之后,近代科技汉语词汇体系内部开始对进入系统的新词进行调整。在翻译西方科技词汇的过程中,中日两国相互影响,不仅中国大量吸收了日本的和制汉字词,而且有部分和制科技词汇最后也被中国制译词所取代。如"化学"一词是"chemistry"的对应译词,日本人早先将其译为"舍密学",光看字面让人有些难以理解,而后在中国造出"化学"这一词汇后日本便借用过去,使得这门学科的定义更加清晰。②除此以外,据高野繁男的研究,也有一些汉字词在从近世向近代转变时,其汉字的顺序发生了调整,前后两字的颠倒情况较为常见,如"算計→計算(account)""論推→推論(analogism)""謬誤→誤謬(delusion)"等。③

经过上述对外来词汇的引入、创造与调整的过程之后,近代科技汉语词汇体系由简单输入逐渐向以词缀为代表的强制性范式方向变化。例如表示学科的词汇"物理学""化学"等,其结尾词"学"便是一种强制性范式。像常见的结尾词"~性""~化""~炎""~度""~率",它们各自对应着英语词尾的"-ty/-ce/-nese""-fication""-itis""-hood""-ratio"④。

通过对上述科技新词的引进、生成、转化的描述,我们可以大致看出近代科技汉语词汇体系的开放性的特征。该词汇体系是一个开放的系统,集中体现在它为了及时实现自身的交际职能,积极地向外界寻求新的要素,以补充系统内部的欠缺。通过向其他语言系统(西方国家的科技词汇体系以及中国的科技词汇体系)引进新鲜概念,并在对外来词汇进行本土化改造的同时进行系统内部本土科技词汇的生成,最后在系统内部自我调节机制的作用下对这些新词进行调整与转化,使它们真正融入到系统内部。以词缀为代表的强制性范式就由此产生,为之后新词的生成提供了可参考的范式,有助于新词快速在系统内达到动态平衡。需要指出,由于语言系统是不受人的主观能动性所影响的客观实在,因此对于经过了系统内部自我调节而产生或淘汰的语言现象,我们是无法用主观意志对其施加影响的。

---

① 高野繁男.『哲学字彙』の和製漢語:その語基の生成法・造語法[J].人文学研究所報,2004(37):91-97.

② 罗洛.浅析汉语中的日语借词[J].文教资料,2018(26):25.

③ 高野繁男.『哲学字彙』の和製漢語:その語基の生成法・造語法[J].人文学研究所報,2004(37):91.

④ 王薇,宋菁,王黎曼.论近代日源科技词汇的汉译方法及对汉语体系的影响[J].日语教学与日本研究,2015:49.

二、远离平衡态

远离平衡态,即保持非平衡性,主要表现为词汇符号的缺位、词汇意义与形式的偏离,以及创制过程中的部分羡余等。

由于近代日本科技水平与当时西方国家存在较大差距,使得很多描述新概念或新发明的词汇在日语词汇体系中存在空缺,这就是所谓的"词汇空缺"现象。而在新词译制过程中,也会因语言系统的差异而出现译制词汇在意义或形式上与原词不等价的情况,即"偏离"现象。为填补词汇符号的空缺与偏离现象,日本的翻译学者们最终选择借用汉语创制新词汇,其理由已在本书第四章第二节有具体阐释,在此不再赘述。

创制过程中也会出现因为打破了语言形式和意义的平衡状态而出现的多余表达形式,这在近代科技汉语词汇体系之后的自主调节中,会慢慢以去除羡余的形式,逐渐从远离平衡态状态下最终转化为用词规范、结构严谨的平衡状态。上文曾提到的,最终被舍弃的"舍密学"一词即是这一现象的代表之一。"舍密"两字显而易见是对其对应外语"chemistry"的音译,将该词与同类型的词汇,如"物理"一词对照,便可以明显发现它缺乏严谨的构词规范,意义不明确且信息量不足,不符合系统内部其他同类型词汇的构词方式。因此该词在系统中并不稳定,直到产自中国的"化学"一词开始进入系统内部并最终固定下来,作为羡余对象的"舍密学"被淘汰。

通过以上描述,我们可以知道,在科技新词进入近代科技汉语词汇体系并趋于稳定之前,这一语言系统是处于非平衡的远离平衡状态的。在远离平衡态的情况下,系统才有足够的反应推动力去实现其自身的动态平衡。通过向内大量注入新的科技词汇,系统内部产生了巨大的反应推动力,为远离平衡态的词汇系统最终走向平衡提供了原动力与能量。

三、体系内要素结构的非线性作用

线性作用与非线性作用相对,"在一个线性系统里,两个不同因素的组合作用只是每个因素单独作用的简单叠加,不可能产生新的性质与结构;但在非线性系统中,内部众多的具有相干性与制约性的非线性作用(正负反馈机制),使微小的因素就有可能产生无法意料的结果"[1]。而对于一个语言系统来说,其内部的因素相互

---

[1] 孙娜.耗散结构理论视阈下的双语辞典出版研究[D].西南交通大学硕士论文,2014:16.

之间会产生复杂的作用,因此近代科技汉语词汇体系可视作一个非线性系统。非线性作用主要表现在科技新词的语素、词汇、词汇层之间相互联系、相互作用的关系上。

传统日语科技词汇主要来自中国,而进入近代,遭到西方大量新词的冲击之后,日语科技词汇体系从原来的规则运动向不规则运动转变,以大量接头词、结尾词的出现及使用为起点,被赋予了科技新式意义的语素开始聚合为科技词汇,并最终上升到词汇层上。语素、词汇、词汇层这三个要素在非线性作用的影响下,实现了协同与相干效应,最终使近代科技日语体系完成了从无序到有序的演化。

举例来说,结尾词"～学"是用来描述如生物学、化学、物理学等学问的语素。这一语素在广泛传播及大量使用后,逐渐固定为用来描述特定学科的结尾词。由此,描述其他学科的词汇也在这一语素的非线性作用下,以强制性范式"～学"作为这一类词汇的结尾词。其后,这一语素将其以聚合方式辐射出去,慢慢迈向更高水平的词汇级别,并最终作用于词汇层之上。

所谓词汇层,是"词汇系统的构成要素,因其所表现出的种种差别而在地位与作用、结构与功能上构成一定的等级秩序的具体体现,是词汇系统内部由其构成要素之间具有的相对固定的关系而形成的相对稳定的层级组织结构,是各个词汇成分之间相对固定的联系方式、组织秩序及其时空关系的内在表现形式,更是词汇系统的一种内在的质的规定性"[①]。非线性作用一旦从最底层的语素级别上升至词汇层级别,就能够和词汇层以下的系统内要素进行复杂的相互协同与干预行为,三者共同在近代科技日语系统中寻求新的、稳定的动态平衡。结尾词"～学"就这样从单语素级别上升为包含"物理学""化学"等词汇在内的词汇级别,最终慢慢迈向包含以词缀为代表的强制性范式的词汇层级别。

综上所述,近代科技汉语词汇体系内部的三大要素受系统中的非线性作用影响,三者所产生的协同与相干效应推动着该系统向平衡状态转变,使内部的无序状态逐渐演化为有序状态。

通过以上第二节的分析论述,我们能够得出如下结论:第一,外来词是近代科技汉语词汇的重要组成部分,而近代科技汉语词汇体系的形成又对近代日语系统起到了补缺与完善的作用,表明翻译活动与日语系统相互交融、相互依赖、相互促进;第二,两者对外来词的翻译、受容的过程也是目的语自我调节的本土化发展过程,语言系统的自我调节机制促进了语言的自我保护能力,推动了语言对社会的应变、适应能力;第三,近代科技汉语词汇体系的构建与其语言系统的开放是分不开的,表明近代日语系统有着强大的生命力与自我更新能力;第四,近代科技汉语词

---

① 徐国庆.关于汉语词汇层的研究[J].北京大学学报(哲学社会科学版),1999(2):122.

汇体系的自我调节有其内在机理,并且是在系统自身内部完成的,进入系统的词汇将沿着自身的运行轨道前行,不再受人为翻译的干涉与左右,越轨者则会被淘汰。

第三节　近代科技汉语词汇体系的演变路径

　　传统科技词汇与日本近代化建设的外部要求错位是非常突出的,主要源自古代中国的日语传统科技词汇在难以满足日本实现近代化建设需求的情况下,这一错位就成为了科技新词受容于近代日语的原始动力,且显而易见,这一错位越大,原始动力就会越强。

　　在近代以前,日本传统科技词汇基本上都是建立在汉语的基础之上。如本书第一章所述,日语书写系统对汉语存在着较为紧密的历史依存关系,通过汉字这一载体,日本不仅掌握了书写记事的能力,创制出了属于自己的文字,还向中国学习、吸收了当时先进的文化、制度乃至科学技术。在16世纪西方文明开始进入日本列岛之前,日本的科学技术可以说基本上都是从中国学习的,且在对中国科技进行吸收、消化的基础上,也不断发展出了富有自身特色的产业技术。进入江户时代,随着来自中国的《本草纲目》《农政全书》等系统性的科学著作的传入,日本也陆续完成了对这些书籍的注释或是在这些书籍的基础上编纂了符合本国国情的科技书籍。比如在《本草纲目》传入日本后,当时的日本学者编纂了《本草綱目序注》《校正本草綱目》等注释型书籍。也有日本学者参考中国的《农政全书》而编纂了《農業全書》,该书被认为是日本最具系统性的农书,影响了日本后世的农书编写。进入江户时代中期,随着西方文明的进入,日本的兰学开始兴起,面对西方先进的科技文明,日本学者开始翻译西洋书籍,在翻译方面一边参考并承袭来自中国的科技词汇与译词,一边大范围进行和制汉字词的创制。进入明治时代,明治政府高举"文明开化""脱亚入欧"大旗,以政府为中心在"法制、学制、农制、军制、经济制度、交通、通信组织"等六大方面开展重点建设,这一过程对科技新词的需求是不言而喻的。而在近代科技汉语词汇体系创立以前,传统的日语科技词汇并不能充分满足日本近代化建设的需求。因此,现状与目标的错位产生了巨大的原始动力,为近代科技汉语词汇体系的构建提供了理由与能量。

　　在追求国家近代化的过程中,政府与大批学者积极投身于对西方科技的学习与吸收,出国学习或将西方学者邀至国内等方式也屡见不鲜。其中也有在外国人的建议下,用法语或英语直接描述新兴科技词汇的情况。但这种情况毕竟只是少数,以母语日语为媒介,使用早已进入日语体系的汉语造词、译词才最符合近代日本的实际情况。而对于在日本近代曾留下浓墨重彩一笔的所谓"汉字限制论(最终目标仍为完全废除汉字)""汉字废止论",也因为汉字在表意上的优越性与全废汉字的困难而作罢。因此,日本延续了传统科技词汇的造词特点,并在传统科技词汇与日本近代化建设的外部要求之间的错位所产生的巨大动力的影响下,开始构建近代科技日语体系。

于是,这种巨大动力进入近代科技汉语词汇系统之后,在语素、词汇、词汇层之间采取补位、过滤的方式,经过筛选、沉淀、吸收,这一体系最终呈现出了相对稳定、平衡的发展态势。科技词汇体系的演变进化就是在"不平衡—平衡"的路径中不断前进的,从而实现了日语系统的稳定与持久。

由此我们可以得出以下结论:近代科技汉语词汇体系的自我调节有其内在机理,在新词进入这一系统后,会沿着语素、词汇、词汇层这三者之间的非线性关系自行在体系内发展、转化或是淘汰,而不再受制于外力的干涉。

近代科技汉语词汇体系的具体演变路径如图5.1所示[①]:

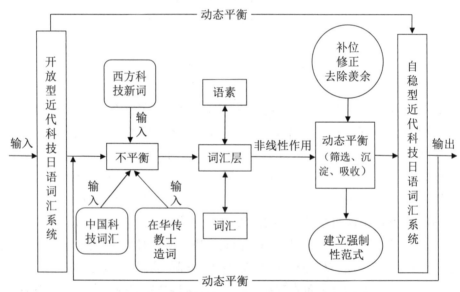

图5.1　近代科技汉语词汇体系的演变路径

本章通过普利高津的耗散结构理论,从体系的开放性、远离平衡态以及体系内要素结构的非线性作用这三个要素,逐一阐述了其在近代科技汉语词汇体系的构建及演变中的应用。近代科技日语体系在耗散结构的作用下,存在自我调节性,这

---

① 该图根据本书作者论文《翻译演进与语言自我调节:农科日语词汇的本土化案例分析》中的农科词汇系统演变进化路径图修改绘制而成。本书中所提近代科技汉语词汇体系在演变路径上与农科词汇系统在本质上具有类似性。

使得新词汇能够在一个有规则的开放系统内经过不断地发展、转化、去除羡余等步骤，最终在词汇体系内固定下来，并最终使整个近代科技日语体系呈现一个有序、稳定且持久的系统。

语言虽然是因人产生的，但它在发展到一定程度，逐渐形成了一个开放性的非线性系统之后，就脱离了人类的控制，成为了不受人为干涉的客观实在。近代科技日语体系同样如此，在经过内部的自我调节并达到稳定的动态平衡之后，人为的干预就不再起作用，系统内的语素、词汇、词汇层这三大要素相互协同、相互干预，沿着既定轨道持续前行，越轨者会被系统直接淘汰。

综上所述，可以得出以下结论：

第一，汉语词汇是近代日语科技词汇的重要组成部分，对补缺与完善近代日语系统具有重大作用。

第二，科技汉语词汇的翻译、受容的过程也是目的语自我调节的过程。从语言变异、外来词入侵、语言规范化等研究方面可以看出，自我调节促进了语言的自我保护能力，推动了语言对社会的应变与适应能力，弄清自我调节有助于考察日本科技词汇的形成、构建与演变，对有关语言的本质问题的探讨以及语言与社会文化等外在因素的共变研究，也是有帮助作用的。

第三，科技语言的形成离不开外部环境条件，与日语体系的全方位开放是分不开的，这也恰恰证明了日语系统本身对汉语的接纳程度。当然，科技词汇之所以能在中日语言间保持相同或近似的语言符号并实现转换是得益于汉文字文化圈的共同选择。

第四，科技词汇系统的自我调节有其内在的机理，并且是在系统自身内部完成的，即一旦进入系统，词汇本身将沿着自身运行轨道前行，不再受人为翻译的干涉与左右。而前期汉语词汇的消化与创新、稳定与沉淀、完善与进化都将受到日语系统自发地约束和调节，按照既定轨道运行，出轨者将遭到淘汰。

第六章 科技汉语词汇对近代科技日语系统的贡献及影响

中日两国自古以来文化交流密切,伴随着文化的传播,汉语在文字语音等诸多方面都对日语产生了深刻且持久的影响。"汉字与汉语词汇无论是在深度上或广度上都积极地参与了日语的形成与发展,它们对日语乃至日本文化具有再塑造作用。"[①]在这其中,江户时期至明治初期传入日本的科技汉语词汇,不仅丰富了近代日语词汇体系,更是为近代日语系统带来了一场变革。

明清之际西方传教士同中国学者合作,将大量西方科技典籍译成中文。与此同时,诸多领域的汉语科技新词汇应运而生。这些新词汇在丰富汉语词汇体系的同时,也为近代西方科技在中国的传播奠定了基础。伴随着当时中日两国频繁的文化交流活动,这些科技词汇漂洋过海来到日本,在众多日本"兰学"和"洋学"学者的努力下,成为近代科技日语系统中不可替代、不可忽视的一部分,填补了日语科技词汇体系的空缺与不足。此外,这些词汇承载的西方近代科技知识也为日本近代社会生产实践,甚至明治初期的近代化进程奠定了坚实的基础。本章将立足于科技汉语词汇在词汇层面的传播与贡献,阐述其对近代科技日语系统的影响,并从宏观角度探讨这些科技词汇与日本近代化进程的关联。

第一节 科技汉语词汇对近代科技汉语词汇体系的贡献

科技汉语词汇是日本学者吸收西方科技知识的重要载体。究其原因,从语言

---

① 潘钧.浅谈汉字、汉语词汇对日语的再塑造作用[J].日语学习与研究,1998(04):5-12.

内部特征来看,和语词汇本身一词多义,很难满足科技词汇所需要的专一性,而科技汉语词汇则因其词义单一、复音形式、构词便捷、词组词汇化等特点成为准确表达科学概念的最佳选择。从历史角度来看,19世纪末之前,日本在中日两国文化交流中,更多处于文化输入的位置。江户时期的"闭关锁国"后,中国更是成为了其主要的文化与知识输入国。伴随这种文化传播,科技汉语词汇携带着近代西方科技知识东渡日本,成为日本学者了解世界的主要窗口。从江户中期开始至明治初期结束,科技汉语词汇的传入极大地影响了近代科技日语系统,不仅扩充了科技日语的词库,丰富了科技日语的词义系统,提供了科技词汇的构词方法,而且为明治时期日本创制新汉语词创造了条件。

一、词汇量的急剧扩展

科技汉语词汇的输入,扩充了近代科技日语系统的词汇量。"汉籍洋学本"中的科技词汇代表着当时先进的西方科技知识,内容覆盖了医学、天文学、数学、物理学、化学等多个科学领域。日本学者在学习西方知识时,对这些词汇进行摘录记载,并应用于科学研究与专业书籍的编写,甚至在教学课堂上讲授。而且"诸如《博物新编》《化学初阶》《植物学》等'汉籍洋学本',也受到了那些就读于藩校的学生们的欢迎"[①]。不仅如此,日本"兰学"与"洋学"学者在进行西学文本的翻译工作过程中,也积极主动地参考或直接借用科技汉语词汇的表达。以日本学者片山淳吉为例,其在编著日本近代物理学教科书《物理阶梯》时,曾大量借用英国传教士合信所著《博物新编》与美国传教士丁韪良所著《格物入门》中的大量科技词汇。经过笔者统计,片山淳吉对于《博物新编》的词汇借用达到了153个,涵盖了地理学、热学、水质学、光学、电学以及天文学等领域。

表6.1 《物理阶梯》与《博物新編》中关联的科技词汇[②]

《物理阶梯》科技词汇	对应《博物新编》篇章
宇宙、一隅、動性、焚燒、動静、牽合、牽引、黄金、鎚擊、鐵杆、相觸時辰儀、旋轉、大砲平滑水勢、變換、樹膠織、輕重、流動、環遶、風銃、物質、水銀、挿入、氣壓、玻璃管、水底、寒暑鍼、風雨鍼、罨上騰、輕氣球、輕氣、巨傘、氣機箭、抽氣機、瀉下	地氣論
乾燥、本原、電氣熱、肉身熱、相擊熱	熱論

---

① 新家浪雄.『博物新編』:幕末の自然科学教科書[J].図書,1983(11):60-63.
② 杉本つとむ.近代日本語の成立と発展[M].東京:八坂書房,1998:345-346.

续表

《物理阶梯》科技词汇	对应《博物新编》篇章
泳氣鐘、玻璃罩海水	水質論
鏡面、凹鏡、凸鏡、鹹水、無質、物像、弦月鏡、瑩滑、直射、平面鏡、凹面鏡、凸面鏡、大視鏡、小視鏡、望遠鏡、對物鏡、顯微鏡、虹霓青蓮色、白色、黃色、紅色	光論
琥珀、摩擦、透入、傳引、電氣論、電氣、錫箔、相引、火砲、銅管、銅鉗、避雷器、傳信機、周圍、電光、麻綫、磁石、兩極、鐵片、北極、南極、羅鍼盤、赤道、磁石鍼	電氣論
彗星、地球、軌道、轉輪、運行、木星、土星、行道、金星、火星、自轉、直徑、天文学、圜行、推算、天際、日月星辰、羅列、槀星、赤道線、緯度、經度、天文地理学、圈綫、循環、黃道、北半球、南半球、春分、夏至、至点、秋分、四季、寒暑、炎熱、冬至、晝夜、大望遠鏡、星宿、水星、圓缺、進轉、光環、月球、返照、半球、遮掩、全蝕、小蝕、交蝕、日蝕、月蝕、太陰、潮汐、環海、滿潮、習慣性、海面、啤拉士小星、日月、珠那小星	天文略論、地球論等

由此可见，科技汉语词汇在传入日本后，极大地拓展了近代日本天文学、地理学、物理学等多个领域的科技词汇。这为日本更好地学习与吸收西方先进科技知识奠定了坚实的基础，同样也为幕府末期至明治初期日本被迫开国之后，接受西方各国的科技知识文化提供了有力的语言材料保障。

二、词汇的复音化

科技汉语词汇复音化影响了近代日本科技词汇领域的构词趋势。复音化，即词的音节数由一个变化至两个及以上，形成的复音词逐渐取代单音词而占据词汇系统优势地位的演变过程。[①]复音化是汉语从古至今发展的一种态势与趋向，这种趋势在明清时期西方传教士同中国学者翻译西学文本、创造科技汉语词汇时更为凸显。

中国学者黄河清曾统计过《汉语大词典》中收录的利玛窦最早使用过的科技汉语词汇，他发现在一共60个科技汉语词汇当中，复音词多达49个，占81%。[②]这说明利玛窦在创造科技新词汇时，考虑到汉语单音节词一词多义，且容易因读音相近而导致难以区分等缺陷，所以他在创造科技新词汇时更多地翻译成复音词，这种做

---

① 王瑞敏.汉语词汇复音化研究综述[J].湖北文理学院学报,2018(03):56-61.
② 黄河清.利玛窦对汉语的贡献[J].香港语文建设通讯,2003(76):30-37.

法不仅可以避免多义与读音所造成的误解,而且有利于更加精准地描述科学概念,符合科学技术知识的特性要求。

众所周知,江户时期的日语主要以和语词为主,且一词多义的情况很多。单以"ひく"一词为例,笔者查找《现代日汉大词典》发现,这一发音的和语词有六种写法。其中"引く"的含义多达20种,除了基本意义的"拖拉拽",还可以表示"安装、扣除、涂抹、划线、后撤、抽签"等含义。①

这对准确理解科技知识造成了一定的困难。随着科学的发展,和语词汇无法满足表述新生事物或新概念的要求。为此,日本学者积极吸收科技汉语词汇。而在科技汉语词汇当中多以复音词为主,以合信的《博物新编》为例,上文表格中记录的153个词条当中,除"罨"一词以外,其余均为复音词。这些词在传入日本之后受到日本学者的广泛认可,从而得以进入到近代科技日语系统,并应用到近代日本的社会生产实践当中。明治维新之后,日本更加积极地吸收近代西方科技知识。众多日本学者在翻译外国科技文献时,不仅直接借用"汉籍洋学本"中的科技汉语词汇,同时还自创了许多科技词汇,而这些词汇多数都是复音词。例如,医学、科学、数学等。

笔者对1888年由"物理学译字会"出版的日本第一部物理学术语集《物理学术语和英法德对译字书》中的科技汉语词汇进行了统计。结果发现,在书中收录的742个科技汉语词汇(包括接头词和接尾词)中,复音词有622个,其中独立词有356个,接头词与接尾词共266个,而单音词只有120个,其中独立词有38个,接头词与接尾词共82个。无论是独立词,还是接头词与接尾词,复音词的数量都远超于单音词。由此可见,日本学者在创造科技新词时,更倾向于将其翻译成复音词。而这一特征与江户时期至明治初期传入日本的科技汉语词汇不无关联。

表6.2 《物理学术语和英法德对译字书》中的科技汉语词汇②

単语词 (38个)	要、円、音、角、感、極、剣、散、式、軸、実、心、図、正、線、層、像、損、体、台、点、度、得、熱、能、秒、負、風、分、変、法、棒、膜、面、率、量、零、歛
接头型 単语词 (35个)	陰、円、過、角、感、行、金、銀、弦、剛、軸、重、小、常、静、線、全、体、第、単、短、長、対、等、熱、半、不、副、複、法、棒、本、無、面、陽

---

① 宋文军,姜晚成.现代日汉大词典[M].北京:商务印书馆,2000:1460.
② 森岡健二.明治期専門術語集[M].東京:有精堂,1985.

续表

结尾型单语词(47个)	円、音、角、学、管、器、機、儀、鏡、計、光、算、軸、室、車、尺、重、術、所、状、場、上、心、図、数、性、泉、線、像、帯、台、点、度、熱、能、瓶、風、物、法、棒、盆、面、様、率、量、力、零
复合词(356个)	圧縮、圧力、暗線、息像、位相、一軸、一様、一極、鋳鉄、引力、運転、運動、永久、影響、液化、液体、遠心、延性、応用、音階、音楽、音叉、音程、温度、階級、解釈、廻転、和音、楽音、加減、化合、加重、仮説、火線、火面、感応、関係、寒剤、観察、感易、干渉、勘定、慣性、頑性、観測、気圧、機械、機関、気候、気象、規則、気体、気発、逆変、吸収、求心、吸熱、境角、共関、凝結、凝固、凝聚、凝霜、共軛、協和、極限、虚像、距離、近眼、近算、金属、金属、空気、遇然、偶力、屈折、傾角、計算、係数、形勢、螢石、結果、結晶、原音、研究、原子、現象、原素、原則、原理、合音、効果、光学、交換、光球、合金、高下、光軸、剛性、合成、光線、構造、剛体、交通、高度、黒線、黒点、誤差、固体、混合、細隙、最小、最大、差音、鎖蓋、作用、三脚、暫時、残像、算用、仕方、時間、試験、時刻、仕事、示差、視軸、事実、磁石、自然、実像、質点、湿度、質量、自動、射影、斜面、自由、重学、周期、収差、収縮、重心、重力、収斂、縮脈、瞬間、順序、蒸気、誕抛、上尸、常数、焦線、焦点、衝突、蒸発、焦面、蒸溜、初角、色球、燭光、真空、進行、振動、振幅、心俸、吹管、水晶、錘直、水平、数様、砂図、静止、正軸、性質、成績、精密、精密、整理、石塩、赤温、赤道、斥力、絶縁、接触、接線、絶対、全一、潜熱、噪音、譟音、匝線、装置、相当、挿入、側心、束線、測定、速度、組織、疎波、台板、大気、対重、大洋、楕円、堕落、単位、単一、短音、単原、弾性、断熱、弾力、遂次、中心、中立、長音、張力、調和、貯蓄、対流、定義、抵抗、定質、定常、定点、定律、定量、適応、電気、展性、伝達、伝導、天然、天秤、等圧、等温、同音、道具、等傾、等時、等色、同心、透明、当量、等力、時計、度盛、度量、南光、軟体、軟鉄、二軸、熱色、熱学、熱車、熱線、燃焼、燃料、能率、陪音、倍率、波及、白温、発散、発出、発熱、波動、波面、馬力、破裂、半音、半径、反射、反動、比較、比重、比熱、電顆、氷河、氷結、氷山、標準、表図、氷点、風計、風船、不易、輻射、復水、符合、附着、物質、沸騰、分解、分極、分散、分子、噴出、分性、分析、分銅、分配、平均、平面、変位、変化、変更、変衰、変数、変則、変動、方位、方向、膀胱、放射、膨張、方法、飽和、補正、北光、摩擦、見角、密度、密波、明言、明線、鍍金、面電、網膜、融解、溶解、要件、容積、余色、雷根、立積、流出、流星、流体、両眼、力学、力計、力積、理論、燐光、恢力、列並、連続、露点、和風、圧力計、子午線、不協和

续表

接头型复合词(174个)	圧縮、圧力、一本、雨量、運動、円錐、音響、温度、廻転、解水、角度、化合、加速、感応、関係、間歇、干渉、観測、寒暖、気圧、記音、幾何、機械、気候、気象、已知、球形、吸収、球状、凝結、凝固、共軛、金属、金属、空気、遇然、屈折、傾角、計算、結晶、原子、顕微、高温、光学、合成、光度、功能、効能、最高、最大、最低、砂糖、作用、自記、示差、磁石、地震、実験、実体、湿度、写真、斜線、重力、収斂、瞬間、蒸気、象限、焦点、衝突、蒸発、指力、真珠、人造、水圧、水銀、錐面、数重、晴雨、正弦、正切、精密、整理、静力、赤道、絶縁、接触、切線、絶対、漸近、相当、側心、体積、楕円、単位、単一、断流、地平、中斜、中心、直線、直角、通底、抵抗、電気、電信、伝達、伝導、伝話、等高、等時、投射、等色、等速、等変、動力、時計、二重、二本、熱量、倍重、発散、反射、反対、反動、比較、比重、非常、百色、標準、表面、沸騰、物理、不滅、分光、分散、分子、平均、平行、方位、貿易、望遠、膀胱、放射、抛射、包心、膨張、補整、摩擦、密度、無究、毛管、毛髪、融解、螺旋、落下、立体、流体、流動、両高、両低、力学、越歴舎密、越歴分解、十文字、電気舎密、電気分解、等加速、等減速、百分度、不可入、複屈折、不等速、平太陽時、抛物線
结尾型复合词(92个)	圧力、運動、音階、温度、化学、加速、楽器、機械、器械、機関、距離、屈折、現象、減速、光学、格子、光線、五音、誤差、鎖蓋、三音、四音、仕掛、磁石、七音、湿度、重学、収差、焦点、水晶、束線、速度、単位、弾性、定位、電気、等速、透明、当量、動力、時計、度量、二音、人形、能率、八音、半径、反射、比較、部分、分解、分析、方位、膨張、飽和、補正、摩擦、鍍金、融解、容量、力学、力計、連続、蠟燭、六音、圧力計、運動学、越歴学、越歴計、加速度、感応器、寒暖計、気象器、屈折計、屈折性、弦運動、顕微鏡、子午線、湿度計、晴雨計、静力学、単一振子、伝信法、電信法、伝導体、伝導物、動力学、二項式、熱量計、貿易風、望遠鏡、毛管現象

三、词义系统的极大丰富

科技词汇是对客观事物概念的具体反映,专业性强,尤其是科学技术上的专业术语,意义必须严格精确,不容含混,不允许出现可此可彼的情况。[①]与和语词汇不同,科技汉语词汇中每一个词都具有一个完整且固定的词义。例如,在医学临床上,"头痛"一词指的是"头颅上半部,包括眉弓、耳轮上缘和枕外隆突连线以上部位的疼痛",不能解释为"对某件事感到为难或讨厌"。再如,"红眼病"暗指"看到别人

---

① 郭德茵.科技汉语词汇的特点[J].语言教学与研究,1986(2):127-136.

受到奖励而心生嫉妒",而在医学上是指"由细菌感染所导致的一种眼部疾病"。日本江户时期至明治初期,此类表达特定含义的科技汉语词汇通过中国学者的科技著作以及西方传教士翻译的"汉籍洋学本"大量传入日本,仅以方以智的《物理小识》为例,经日本语言学家杉本つとむ统计,近代科技汉语词汇中与《物理小识》中相一致的词汇有271个。①

笔者将书中部分科技词汇进行分类,并发现其中有关医学和人体生物学的词汇数量最多。如表6.3所示。②

表6.3 近代科技日语中与《物理小识》相一致的词汇

领域	词汇
天文学	空中、天文、见识、石油、暗礁、植物、养生、太西、蒸馏、火气、天圆、地方、赤道、黄道、质测、恒星、岁差、矛盾、臆说、望远镜、视差远镜、经纬度、日食、月食、地球、自乘、天心、乘除
气象学	满空、湿气、消火、树脂、西洋布、体质、冷气、发育
地理学	类推、治水、死海、溺水、潮信、元气、呼吸、贮水、喷水、地溲、地动、相感、空气、地震、水晶、腽肭脐、附子、风土、山市、海市、宝石、文理、沙漠、宇宙、精神、穷理、杀虫
人体生物学	循环、肺管、会厌、食管、脘、贲门、幽门、直肠、筋、汽化、动脉、元气、脉、滋养、人身、络、铜人、好色、阴器、血脉、肾水、膀胱、精气、生物、毛孔、针灸、民生、记忆、脑髓、腋毛、阴毛、膏药、痈疽、毒药、血气、处女、夜啼、小儿夜啼法、失神、中风
医学	经络、霍乱、咳血、咯血、吐血、点滴、痰血、发热、痰、八味丸、肺病、便秘、烧酒、泻闭、肾虚、筋骨、头痛、咳嗽、解毒、局方、饮食、点眼、按摩胎毒、毒药、外科、服药、畜病、走马灯、物体、穷理、发散、药性、金属、石淋、金汁、钟乳、水晶、食料、血滞、骨折、丝瓜、发汗、内服、鸡眼、纸捻、食盐、纸烛
生物学	早熟、林檎、榲桲、玉肌、圣僧、无害、鸦片、岁时记、接木法、执刀、插花法、杀虫、伸缩、齿牙、泻痢、败毒散、热病、昆仑奴、媚药、禽兽、神龟、鲨鱼、金鱼、银鱼、丁斑鱼、石首、乌贼、龙骨、食肉、墨死、养蜂、酒糟、毛虫、蜻蜓、斑鸠、秦吉了、解毒汤、牛眼、猎犬

此外,科技汉语词汇系统性扩充了近代科技日语的词义系统。科技词汇不能

① 李红,周萌.论《物理小识》东传与日本兰学渊源关系[J].云南民族大学学报(哲学社会科学版),2017(3):143-148.
② 杉本つとむ.近代日本語の成立と発展[M].東京:八坂書房,1998:369-378.

孤立存在,其必须处于一定的语用环境中才能获得确切的含义。而在这一环境条件下,由于表示概念的上下位差异,从而形成了层次结构。譬如,在医学方面,"由人体口腔排出的血液"这一概念在日语的和语词中并没有固定的词汇来表达,而科技汉语词汇将其分为"咳血、咯血、吐血、痰血"等词。"咯血"和"咳血"是指喉部以下的呼吸器官(即气管、支气管或肺组织)出血,并经咳嗽动作从口腔排出的过程。"吐血"主要指由于胃的病变而导致上消化道出血。而"痰血"多由于肺部感染导致的。再如天文学方面,关于宇宙中各个行星的名称,科技汉语词汇用"金星、木星、水星、火星、土星"等词来表示,这也弥补了和语词"ほし"对于行星名称表达不具体、不详细的缺点。

四、构词法的变化

科技汉语词汇的构词能力发达,通过词素的各种方式的组合可以衍生出大量新词,这为日本学者翻译西学文本时创造新的和制汉语提供了方法。其中附加式构词法,即"中心词+词缀"的组合方法成为了日本学者创造和制科技汉语词汇的主要选择。中国明清之际,西方传教士创造科技词汇时多应用这种方法。例如,在利玛窦的诸多译作与著作中,首次出现的新词汇就采用了附加式构词法。

形:三角形、四边形、多边形。

线:割线、切线、直线、曲线、虚线、子午线、地平线。

角:锐角、直角、钝角、余角、补角、对顶角。

附加式构词法是一种能产性极高的造词方法,一旦某词缀获得认可,在其相关领域便可灵活地附加于各种概念。如"线"表示一个点任意移动所构成的图形。在《坤舆万国全图》这一地理学译作中,利玛窦将"线"作为词缀,同"地平、经、纬"等词组合成表示地理概念的专业词汇。而在与徐光启合译的《几何原本》中,利玛窦又以"线"为基础,创造了"直线、切线、割线、曲线"等数学概念。此外,"线"这一词缀被后人投射到其他领域,创造出了"生产线""运输线"等新词语。继利玛窦之后,附加式构词法被广泛用于西学文本的翻译工作当中,并产生了大量"中心词+词缀"结构的科技汉语词汇。

日本学者通过研读"汉籍洋学本",在吸收科技汉语词汇的同时,学习并掌握了这种构词方法。并在直接翻译西方典籍时,主动应用这种方法,从而创造了一系列用于造词的词素。以《舍密开宗》为例:[1]

---

[1] 苏小楠.江户幕府末期及明治初期的科学译词:以化学领域的译词为例[J].日语学习与研究,2009(03):41-46.

前置词缀的造词:気:気孔、気重、気状、気体;
　　　　　　　塩:塩化、塩気、塩基、塩原、塩類;
　　　　　　　酸性:酸性酸化、酸性反応、酸性溶液;
　　　　　　　有機:有機化学、有機元基、有機纖維、有機抱合。
后置词缀的造词:水:硬水、鉱水、軟水、無水;
　　　　　　　性:仮性、真性、静性、分性、惰性、弾性;
　　　　　　　気:空気、酸気、電気、燃気;
　　　　　　　体:液体、導体、柔体、複体、光体、固体、晶体;
　　　　　　　原子:積極原子、四価原子、二価原子;
　　　　　　　元素:可燃元素、稀有元素、金属元素、積極元素。

同时,在构词结构上,日语科技词汇也受到了科技汉语词汇的影响。科技汉语词汇所包含的主谓结构、偏正结构、并列结构等都在日本学者创造的和制汉语中有所体现。

主谓结构:歯痛、眼癌、尾裂、人造。
偏正结构:光学、黒板、直角、聴神経、視神経、地獄石、子午線。
并列结构:報道、運搬、道路、振動、循環、超越、精密、売買。
动宾结构:堕胎、吐血、発汗、駆虫。
动补结构:膨満、減少、通過、挿入、収縮。

第二节　科技汉语词汇对近代科技日语系统的构筑

　　科学技术的传播,自古以来便是中日两国文化交流活动中的重要组成部分。这一过程在明清"西学东渐"时期达到了前所未有的高潮。西方传教士将近代西方科学技术带到了中国,《坤舆图说》《职方外纪》《西洋历法新书》等一大批汉译西方科技典籍,在西方传教士与中国学者的合作下诞生,大量科技汉语词汇也随之出现。同样,渴望新知识、新技术的日本学者,将这些"汉籍洋学本"引入日本,迅速学习并吸收书中的西方科学技术,与此同时,新创制的汉语词汇也经日本学者之手,在日本各科技领域得以传播、定型。这些词汇的出现,极大地丰富了近代日语科技词汇体系,并在语言符号的多元化、规范化表达、语言扩散的快速化等方面影响了近代科技日语系统的构筑与发展。

一、语言符号的多元化

语言符号是由音、义的结合构成的。"音"是语言符号的物质表现形式,"义"是语言符号的内容,只有两者相结合才能指称现实物体或现象,构成语言的符号。自西学东渐以来,汉语不仅被赋予了悠久的中华文化,同样也成为了近代西方知识的重要载体。汉字作为汉语的语言符号,以其独特的方块字形早已进入日语系统,故而成为了日本学者吸收近代西方知识的重要手段。而汉字的表意功能则承接着以形示意的特性,"(汉语符号)这个符号与整个词发生关系,因此也就间接地与它所表达的观念发生关系"。音形义三位一体的汉字,相互之间关联度高、互证性强,故而被认为是理据性高的文字,而"理据性高的文字,学习与使用比较方便。理据性低的文字,学习与使用比较困难,因为许多成分要靠死记,这或许是汉字成为构建日语新词语的另一原因吧"。

伴随着两国文化的交流,近代汉语词汇,尤其是近代科技汉语词汇得以在日本扎根。这些科技词汇的固型也同样为近代西方知识的传播,甚至近代日本技术文化观的形成与发展开创了条件。而词作为最小的能够独立运用的有意义的语言形式,其在词形与词意双方面的影响促进了日语语言符号的多元化。具体体现为:首先,科技汉语词汇的复音形式以及构词法为近代科技日语系统的建构、成型提供了方法,为日本学者在翻译西方书籍时创造新的科技词汇提供了便利。其次,汉字的表意性使得科技汉语词汇所代表的含义可以通过视觉直接反映在人的大脑中,促成受众对含义的理解与接受。第三,汉语是孤立语,汉语词汇采用词根构词,以旧字构新词,含义准确、结构独立、易于造词。而对于千百年来早已习惯用汉字汉文表记的日本来说,科技汉语词汇的构词方式及特性契合了其汉字、假名并用的表记体系,不存在明显的不兼容问题。

以上优质性特点促使汉语词汇被大量借入日语系统,经过过滤、筛选等本土化试炼后,沉淀、融合于词汇系统,并极大地丰富了科技日语的词义内涵,扩充了科技日语的词义集群。

二、语言表述的规范化

语言表述的规范化是指语言表达(包括口语与书面语)在语言实践当中逐步形成一定的准则与规范。江户幕府末年至明治时期,对科技语言的"社会狂欢"使得语言舆情不断要求语言实践更加优化语言本体,从而提高语言的使用效力。故此,语言系统迫切需要整合语言乱象、规范表达形式、提高国民的语言能力与国家语言实力。在语言三要素中,"同语音、语法相比,词汇是一个开放的系统,随着社会发展、人们认知及语用行为的变化,词汇总是不断经历着新词产生、旧词消亡、词语替换、词义演变等方面的变革,这也决定了其规范程度要远远高于语言的其他要素"①。科技词汇作为新兴领域的表述语言,其规范程度更是难上加难。它的运行历程大致经历了"自由使用、政府规划、自觉统一"三个阶段。

自由使用阶段。江户时代中期,科技知识的传播活动多由学者个人发起,缺乏官府或社会团体的支持,涉及的领域也零零散散,无法统一并规整语言表述形式。此阶段另一显著特征是,大量借助并采用中国书籍中的科技词汇。如《重订解体新书》的作者大槻玄泽为了规范并补充西方医学的专有名词,大量引用了中文医学典籍作为标准表述。其中引用了王宏翰《医学原始》一书中《四元行论》《红液黄液》等15篇文章。而卷三《动血脉篇》中,直接借用《医学原始》对"脉经""血络"等的术语定义:"輓近王氏书译动血脉曰脉经,译静血脉为血络""輓近王氏传闻西说,译载其著书,亦因遵循顾经分经络二字,以搏动血脉译脉经,以静血脉译血络,然如出于心者曰脉经,在受其血于支末者,曰血络,则实测之正说,而诚和汉千古未发之新论也。"

政府规划阶段。1853年,日本被迫开国之后,德川幕府为了应对西方文化的强烈冲击,开始将所有科技翻译活动纳入官学轨道并使之制度化。近代科技书籍的翻译与研究工作在幕府创建的蕃书调所等场所展开,由掌握专业科技知识的士族作为科技活动主体,对近代日语尤其是近代科技日语的语言表述进行了规范化处理。明治维新后,政府更是多次组织或引导社会团体推动科技语言的规范工作,如明治十三年东京数学会社召开近代数学术语译语会。为了确立与统一数学名词、术语,译语会几乎集齐了当时日本几何、代数、算术界的所有权威,川北朝邻、山本正至等著名几何专家全程参与。再如本书第五章第五节所提到的,1883年,日本成立了由山川健次郎、山口锐之助、村冈范为驰等30多位日本物理学家组成"物理学译字会",经过数年不断的讨论、审议,于1888年出版了日本第一部物理学术语集《物理学术语和英法德对译字书》等。

自觉统一阶段。日本学者在翻译过程中,自觉运用词汇的繁殖性、强规则化表达等形式推动词汇集群的发展。如,"电气"一词,日本人最早接触电学是通过兰学家翻译的书籍。由于当时日本国内没有"电"这一概念,所以兰学家在翻译时通过音译的方式,将西方科学中的"电学"翻译成"越歴的里失帝"。《物理阶梯》的参考书籍之一的《气海观澜》中就是这样记载的。片山淳吉在《物理阶梯》中采用了《气海

---

① 夏中华,邱竹.对近时期汉语词汇规范化研究的梳理与思考[J].沈阳师范大学学报(社会科学版),2015(1):85.

观澜》的说法,将"电学"的章节命名为"越历论"。然而一年后,他在《改正增补物理阶梯》中根据《博物新编》和《格物入门》将"越历论"改为了"电气论"。至此,以"电"为接头词的词汇层,乃至词汇群开始大量出现,为构成适应学科专门领域研究要求的树状式词汇生长网络奠定了基础。

当然,上述内容是从语言本体的外部规划角度展开陈述的,每个阶段的规划内容反映的是发展阶段的主流与特色,但这并不意味着没有其他成分的参与。自由使用阶段也有追求统一标准的自觉,政府规划阶段也掺杂有个人自由使用的成分。而自觉统一阶段,背后也有政府的推动与规划,每个阶段都不是单一纯粹的。同时需要指出的是,词汇系统的自我调节功能是引导其内部规范的重要形式。"词汇是语言中最活跃、发展变化最快的要素,词汇规范也是一个历史范畴,它不可能一成不变,词汇规范是一个动态系统……我们相信使用者的语言辨识能力与创新能力,相信语言自身的容错能力与筛选能力,相信语言的自我调节功能。"①有关科技词汇进入日语系统后,是如何被接受、吸收、改造并定型的,系统内部进行了怎样的调解工作,第五章已做了详细分析,此处不再一一赘述。

三、语言扩散的快速化

语言扩散是指某种语言体系的区域转移或语言成分的异体分布,它是人类语言发展史中常见的迁移现象。

语言扩散的直接变因是不同语言要素相互接触、吸引、摩擦后发生的行为扩散。这种扩散会产生两种结果:一种是语言的地理分布,即一种语言的体系在一定区域内存在和使用;一种是语言的异体分布,即一种语言的成分存在于其他语言体系当中。语言的地理分布是由人口流动造成的,某种语言的使用人口经由各种原因而转移到其他地区,从而将这种语言也传播到他处。这种语言的传播特点在于语言体系的整体扩散,即整个语言系统扩散到其他地区。例如,山西方言扩散到陕西东部、北部及河南西北部等地区,这些地区的交际工具都属于山西方言的系统。而语言的异体分布则是非体系性的,即一种语言体系的成分或者个别的具体规则传播到另一语言体系中,并非整个语言体系的移动。从本章论述内容来看,科技汉语词汇作为汉语体系的成分之一,在其东传日本的过程中逐渐被接收、容纳于日语词汇系统,成为其语言的重要组成成分。从体系轮廓、构词成分来看,明显属于语言的异体分布。

---

① 夏中华,邱竹.对近时期汉语词汇规范化研究的梳理与思考[J].沈阳师范大学学报(社会科学版),2015(1):85.

斯坦利·李伯森认为,影响语言扩散的力量主要有:(1) 国家实力与国家在国际上的威望是引起该国语言扩散的因素;(2) 语言本身的美学对语言扩散具有一定的加速作用;(3) 国际贸易与金融的发展是语言扩散的原因之一;(4) 现代通信技术与交通的发展是语言扩散的重要原因。[①]可见,除了语言本身的特色优势之外,社会经济因素是语言扩散的主要推动力。故此,科技汉语词汇在日语中的扩散行为,在某种意义上也是日本社会经济发展的内在需要。这也印证了语言系统不断更新的原动力离不开社会作用这一重要推手。

语言扩散速度的快慢,往往与语言介入的社会需求强度,即扩散目的有关。"语言扩散是依时现象,起初扩散的速度较慢,然后突然剧增,并且上升比例保持不变,这说明扩散本身就是一个因素。最后上升速度减慢,说明使用该语言的人口数量的增长率接近于零,或该语言已经进入另一语言的界限范围。"[②]

汉译西方科技典籍所包含的科技文化知识迎合了日本社会的需求,受到众多日本学者的接纳与欢迎,其在日本境内各地的翻刻出版也带动了科技汉语词汇在日本的扩散与传播。随着这股力量的逐渐增强,逐渐演化为知识界的一股热潮,推动了科技语言加速度般地扩散。在此基础上,日本学者仿借、临摹中式造词法构建日汉语词汇的做法层出不穷,促成了明治初、中期汉译科技词汇的大发展。

以合信的《博物新编》为例,据统计,在日本关于《博物新编》的译解、注释、演义、讲义、标注等的书出版了十几种。列举如下:

(1)《博物新編》,三集,句读者未详,元治元年(1864)东都福田老皂馆刊本。

(2)《改正博物新編》,三集,明治四年(1871)。

(3)《博物新編》再刻,三集,明治四年(1871)老皂馆万屋兵四郎刊本。

(4)《博物新編》再刻,三集,明治五年(1872)福田氏刊本。

(5)《博物新編》,三集,明治七年(1874)东都福田老皂馆刊本。

(6)《鳌头博物新編》,二卷,小室诚一鳌头,明治九年(1876)柳絮书屋刊本。

(7)《鳌头博物新編》,三集一卷,小室诚一鳌头,明治九年(1876)东京稻田政吉刊本。

(8)《鳌头博物新編》,二卷,小室诚一头书,明治十年(1877)柳絮书屋刊本。

(9)《增补博物新編》,四卷,福田敬业训点,明治八年(1875)福田氏刊本。

(10)《博物新編注解》,五卷,福田敬业注解,明治九年(1876)书铺宝集堂刊本(东京)。

(11)《博物新編注解》,四卷,大森中(解谷)译,庆应四年(1868)序守山大森式鞠翠居刊本。

---

① 李兵.语言扩散:社会变化和语言扩散的研究[J].国外语言学,1986(4):162-164.
② 李兵.语言扩散:社会变化和语言扩散的研究[J].国外语言学,1986(4):163.

(12)《博物新编译解》，四卷，大森惟中译，明治二年(1869)书林青山堂刊七年增订重刊本(东京)。

　　(13)《博物新编解》增订再版，大森惟中译，明治七年(1874)刊本。

　　(14)《博物新编演义》，二卷，崛野良平译，明治八年(1875)尾张崛野氏刊本。

　　(15)《标注博物新编》，三集，安代良辅标注，明治十年(1877)刊，三府书楼发行。

　　此外，日本学者新家浪雄在调查了幕府末期至明治时期日本"藩校"和"鄉校"的自然科学教科书后，发现在能查证到教科书书名的62所学校中有19所，即约30%的学校使用了《博物新編》作为教科书。据统计，使用《博物新編》作为教科书的有以下地区：淀藩(山城·京都府)、柳生藩(畿内·奈良县)、福井藩(越前·福井县)、大圣寺藩(加贺·石川县)、三日市藩(越后·新泻县)、广瀬藩(出云·岛根县)、田边藩(纪伊·和歌山县)、新宫藩(纪伊·和歌山县)、德岛藩(阿波·德岛县)、福江藩(肥前·长崎县)、菰野藩(伊势·三重县)。书籍的传播促进了科技汉语词汇的传播与扩散。"这些汉译书籍广受藩校或鄉校的学生欢迎。此外，现代使用的一些科技术语也是来源于这些书籍，例如穷理变成物理，舍密变成化学，植学变成植物学"，等等。

第三节　结　　论

　　近代科技词汇的日汉渊源颇深，汉语词汇的大量引进，从词汇量、构词法、词汇系统等多方面、多层次、多角度地极大影响了近代日语的构建与发展。这表明，使用汉字汉语构建科技新词是可行的，也是富有成效的。同时，也揭示出中日两国同为汉字文化圈科技文化交流与共享的历史事实。综上所述，可以从以下几个方面得出结论：

　　第一，科技语言本体的近代化建设。首先，科技汉语词汇的引进与传播奠定了日语科技词库。新词汇的复音化避免了一词多义现象，附加式的构词方式充分发挥了汉语的构词能力。这些优势促使日语词汇体系发生了演变，产生了众多单语素及复合语素，为日本学者在明治初期创造和制汉语词汇提供了更科学的方法。其次，科技汉语词汇内涵更单一、更精确，不仅利于指示抽象概念的特点，也成功地丰富并拓展了日语科技词汇的词义系统，为日本学者学习、吸收更具准确性、科学性与客观性的科技信息提供了丰富的语言材料。

　　第二，汉语的学术价值与生命力。近代日语系统诞生之初，汉语就以"原始合伙人"身份参与其中,其所建构的词汇体系成为科技日语的基石。这说明汉语既拥有对不同语言文化的强大包容性,也具备接纳新生事物、不断向前发展的创新活力。本研究以近代科技汉语词汇为案例,分析阐明了汉日语言的历史依存关系、汉语富有抽象性与概念性的优质特性、汉字的高结合度与旺盛的产殖性是中日科技词汇体系得以建构,并实现环流的关键。

第三,科技日语新词创制与语言软实力。科技语言的近代化是国家近代化建设的首要工具,它体现着民众最重要的表达描述能力、科学思维能力和研究创新能力。大量科技汉语词汇的出现、传播与定型,对于近代科技日语系统而言,其影响不仅仅限于词汇方面,在科学概念规范表述、语言符号的多元化,以及科技知识的快速传播等方面都起到了至关重要的作用,进而推动了日本国民语言能力的大幅度提高,增强了国家语言软实力,为日本短期内加速学习与吸收近代西方科技知识、开启近代化进程奠定了基础。

第四,汉语国际影响力与东亚汉文化共同圈的环流。本课题的研究对象是近代科技汉语词汇,根据其东传、受容情况,首先完成了从理论到实践的路径探索,为我们重新认识近代以来中日词汇的交涉与融合、汉语词汇的贡献及影响力等重大问题提供了新的研究线索。其次通过对科技汉语词汇的解读,阐释中日科技语言的环流路径与文化要素的背景支撑,揭示出两种语言间"你中有我、我中有你"的密切关系,从而使"离开日语词汇,中国人就没法说话"的谣言不攻自破。另一方面,如要考证"哪些词汇是日本独自发明创造的,哪些词汇是中国先翻译、再传去日本的",[①]深究起来,恐怕是件极费力气也不讨好的事。这也恰恰说明,中日科技词汇在诞生、演变的过程中,已经打上了难分彼此的深深烙印,而这种共融互惠的关系,通过语言载体传承至今,并将继续传承下去。

---

① 新京报书评周刊."离开日语词汇,中国人就没法说话"的谣言是怎么产生的?[DB/OL].[2019-08-31].https://baijiahao.baidu.com/s?id=1643362254585883553.

参 考 文 献

[1] 潘钧.日本汉字的确立及其历史演变[M].北京:商务印书馆,2013.

[2] 魏征,令狐德棻.隋书[M].北京:中华书局,1973.

[3] 夏中华.现代语言学引论[M].上海:学林出版社,2009.

[4] 萨丕尔.语言论[M].陆卓元,译.北京:商务印书馆,1985.

[5] 郑彭年.日本西方文化摄取史[M].杭州:杭州大学出版社,1996.

[6] 朱维铮.利玛窦中国著译集[M].上海:复旦大学出版社,2007.

[7] 杜石然.中国科学技术史稿[M].北京:科学出版社,1982.

[8] 尚智丛.传教士与西学东渐[M].太原:山西教育出版社,2012.

[9] 黄兴涛,王国荣.明清之际西学文本:50种重要文献彙编[M].北京:中华书局,2013.

[10] 陈向阳.晚清京师同文馆组织研究[M].广州:广东高等教育出版社,2004.

[11] 高华丽.中外翻译简史[M].杭州:浙江大学出版社,2013.

[12] 利玛窦,金尼阁.利玛窦中国札记:上,下册[M].何高济,等译.北京:中华书局,1983.

[13] 信夫清三郎.日本政治史第一卷:西欧的冲击和开国[M].周启乾,译.上海:上海译文出版社,1982.

[14] 湛垦华.普利高津与耗散结构理论[M].西安:陕西科学技术出版,1998.

[15] 沈国威.近代中日词汇交流研究:汉字新词的创制、容受与共享[M].北京:中华书局,2010.

[16] 八耳俊文.19世纪汉译洋书及和刻本所在目录[A]//沈国威.六合丛谈:附解题/索引[M].上海:上海辞书出版社,2006

[17] 陈宗明.汉字符号学:一种特殊的文字编码[M].北京:中国出版集团东方出版中心,2016.

[18] 斯大林.马克思主义与语言学问题[M].北京:人民出版社,1957.

[19] 索绪尔.普通语言学教程[M].高名凯,译.北京:商务印书馆,1980.

[20] 陈宗明.符号学导论[M].北京:中国出版集团东方出版中心,2016.

[21] 皮细庚.日语概说[M].上海:上海教育出版社,1997.

[22] 于洪波.日本教育的文化透视[M].保定:河北大学出版社,2003.

[23] 小松茂美.かな:その成立と変遷[M].東京:岩波新書,1968.

[24] 大野晋.日本語はいかにして成立したか[M].東京:中公文庫,2002.

[25] 築島裕.日本語の世界.5,仮名[M].東京:中央公論社,1981.

[26] 中田祝夫,林史典.日本の漢字[M].東京:中公文庫,2000.

[27] 笹原広之.漢字に託した『日本の心』[M].東京:NHK出版,2014.

[28] 藤堂明保.漢語と日本語[M].東京:秀英出版,1969.

[29] 平川南,冲森卓也,栄原永遠男,等.文字と古代日本5文字表現の獲得[M].東京:吉川弘文館,2006.

[30] 森岡隆.図説:かなの成り立ち事典[M].東京:教育出版,2006.

[31] 今野真二.日本語の近代:はずされた漢語[M].東京:ちくま新書,2014.

[32] 矢田勉.国語文字:表記史の研究[M].東京:汲古書院,2012.

[33] 今野真二.漢字とカタカナとひらがな:日本語表記の歴史[M].東京:平凡社新書,2017.

[34] 大島正二.漢字伝来[M].東京:岩波書店,2006.

[35] 亀井孝,河野六郎,千野栄一.言語学大辞典:第6卷　術語編[M].東京:三省堂,1996.

[36] 加藤徹.漢文の素養:誰が日本文化をつくったのか[M].東京:光文社,2006.

[37] 藤堂明保.漢字の過去と未来[M].東京:岩波新書,1982.

[38] 杉本つとむ.近代日本語の成立と発展[M].東京:八坂書房,1998.

[39] 箭内健次.鎖国日本と国際交流(上)[M].東京:吉川弘文館,1988.

[40] 大久保利謙.幕末維新の洋学[M].東京:吉川弘文館,1986.

[41] 湯浅光朝.科学文化史年表[M].東京:中央公論社,1956.

[42] 大庭脩,王勇.日中文化交流史叢書[M].東京:大修館書店,1996.

[43] 吉田光邦.日本科学史[M].東京:講談社,1992.

[44] 小澤三郎.幕末明治耶蘇教史研究[M].東京:亜細亜書房,1944.

[45] 片山淳吉.物理階梯[M].文部省編纂.和歌山県翻刻,1872.

[46] 片山淳吉.改正増補物理階梯[M].文部省編纂.和歌山県翻刻,1876.

[47] クルムス選述.杉田玄白訳,大槻玄沢重訂.重訂解体新書[M].東都書肆千鐘房,1816.

[48] 山田孝雄.国語の中に於ける漢語の研究[M].東京:宝文館,1940.

[49] 高島俊男.漢字と日本人[M].東京:文藝春秋,2001.

[50] 森岡健二.改訂　近代語の成立語彙編[M].東京:明治書院,1991.

[51] 吉田東溯.訳語の問題:外来語[M].東京:日本文化庁,1976.

[52] 森岡健二.日本語と漢字[M].東京:明治書院,2004.

[53] 沈国威.近代日中語彙交流史:新漢語の生成と受容[M].東京:笠間書院,2008.

[54] 鈴木孝夫.日本語と外国語[M].東京:岩波新書,2007.

[55] 垂水雄二.厄介な翻訳語:科学用語の迷宮をさまよう[M].東京:八坂書房,2010.

[56] 安江良介.翻訳の思想:日本近代思想体系[M].東京:岩波書店,1991.

[57] 日本放送協会放送史編集室.日本放送史上[M].東京:日本放送出版協会,1965.

[58] 森岡健二.明治期専門術語集[M].東京:有精堂,1985.

[59] 李红.近代日语词汇体系化过程中汉语同构现象解析:基于农科词汇的实例解释[J].或問,2015(1).

[60] 赵连泰.试论日本文字的起源与形成[J].日本学刊,2000(2).

[61] 陆晓光.汉字传入日本与日本文字之起源与形成[J].华东师范大学学报(哲学社会科学版),2000(4).

[62] 李树果.从"万叶假名"看日本文字的创造[J].日语学习与研究,1986(3).

[63] 樊洪业.从传统科学到近代科学[J].科学文化评论,2016(3).

[64] 李志林.传统科学机制的缺陷与近代科学的落伍:"李约瑟难题"之我见[J].社会科学,1990(12).

[65] 王扬宗.江南制造局翻译书目新考[J].中国科技史料,1995(2).

[66] 黄河清.利玛窦对汉语的贡献[J].香港语文建设通讯,2003(76).

[67] 黄河清.马礼逊辞典中的新词语[J].或问,2008(13).

[68] 黄河清.马礼逊辞典中的新词语(续)[J].或问,2009(63).

[69] 钟鸣旦,杜鼎克.简论明末清初耶稣会著作在中国的流传[J].史林,1999(2).

[70] 冯天瑜.利玛窦等耶稣会士的在华学术活动[J].江汉论坛,1979(4).

[71] 李廷举,李慎.鸦片战争前后西学东渐的差别[J].自然辩证法研究,1989(5).

[72] 冯玮.近代前后日本"西学"的历史性演变[J].外国问题研究,1993(2).

[73] 冯玮.概论20世纪以前日本"西学"的基本历程[J].日本学刊,1996(1).

[74] 冯玮.日本"西学"的初创时代"南蛮学时代"[J].复旦学报(社会科学版),1994(2).

[75] 冯玮.对日本"锁国时代"吸收西方文化状况的历史分析[J].史学月刊,1994(1).

[76] 庞焱.近代日译中文书在日本的传播和影响[J].广东外语外贸大学学报,2010(5).

[77] 张西平.近代以来汉籍西学在东亚的传播研究[J].中国文化研究,2011(1).

[78] 郭玉杰.近代中国西方传教士汉译书对日语词汇的影响[J].北京理工大学学报(社会科学版),2004(S1).

[79] 李宝珍.兰学在日本的传播与影响[J].日本学刊,1991(2).

[80] 沈国威."譯詞"與"借詞":重读胡以鲁《諭譯名》[J].或問,2005(9).

[81] 周瀚光,贺圣迪.我国十七世纪的一部百科全书:方以智的《物理小识》[J].中国科技史料,1986(6).

[82] 李红,周萌.论《物理小识》东传与日本兰学渊源关系[J].云南民族大学学报(哲学社会科学版),2017(3).

[83] 董光璧.传统科学近代化的三部曲[J].科学学研究,1990(3).

[84] 黄兴涛.明末至清前期西学的再认识[J].清史研究,2013(1).

[85] 沈国威.汉语的近代新词与中日词汇交流:兼论现代汉语词汇体系的形成[J].南开语言学刊,2008(1).

[86] 陈力卫.近代辞典的尴尬:如何应对洪水般的日语新词[J].东北亚外语研究,2014(2).

[87] 苏小楠.江户幕府末期及明治初期的科学译词:以化学领域的译词为例[J].日语学习与研究,2009(3).

[88] 王鸣.日本明治时期汉字译语考略[J].外语研究,2011(6).

[89] 陈庆祜,周国光.词汇的性质、地位及其构成[J].安徽师大学报(哲学社会科学版),1987(3).

[90] 葛本仪,王立庭.建国以来对"词""词汇"概念的研究[J].语文建设,1992(4).

[91] 苏宝荣,沈光浩.类词缀的语义特征与识别方法[J].语文研究,2014(4).

[92] 王晓凤,张建伟.科技词汇的范畴化动因及其语义认知与翻译[J].中国科技翻译,2011(4).

[93] 罗洛.浅析汉语中的日语借词[J].文教资料,2018(26).

[94] 李红,游衣明.翻译演进与语言自我调节:农科日语词汇的本土化案例分析[J].南京农业大学学报(社会科学版),2014(6).

[95] 谢春玲.论汉字系统的耗散结构特征[J].广东社会科学,1993(3).

[96] 王希杰.论语言的自我调节功能[J].柳州职业技术学院学报,2002(2).

[97] 王希杰.汉语的规范化问题和语言的自我调节功能[J].语言文字应用,1995(3).

[98] 徐国庆.关于汉语词汇层的研究[J].北京大学学报(哲学社会科学版),1999(2).

[99] 王敏.语言文字规范化的多重视角[J].语言规划学研究,2017(2).

[100] 郭德荫.科技汉语词汇的特点[J].语言教学与研究,1986(2).

[101] 王瑞敏.汉语词汇复音化研究综述[J].湖北文理学院学报,2018(3).

[102] 潘钧.浅谈汉字、汉语词汇对日语的再塑造作用[J].日语学习与研究,1998(4).

[103] 沈小峰,胡岗,姜璐.耗散结构理论的建立[J].自然辩证法研究,1986(6).

[104] 李红,于博川.论日语"和汉混淆体"的表记创生与汉语历史依存关系[J].或问,2018(2).

[105] 李大建.瓦斯一词的由来[J].中国科技翻译,1991(3).

[106] 李红,卢冬丽,王薇.农业科技日语术语汉译适应化现象分析[J].中国科技术语,2016(2).

[107] 夏中华,邱竹.对近时期汉语词汇规范化研究的梳理与思考[J].沈阳师范大学学报(社会科学版),2015(1).

[108] 李兵.语言扩散:社会变化和语言扩散的研究[J].国外语言学,1986(4).

[109] 孙娜.耗散结构理论视阈下的双语辞典出版研究[D].西南交通大学硕士论文,2014.

[110] 孙艳新.自组织理论视阈中的创新思维研究[D].中共中央党校硕士论文,2009.

[111] 詹熹玲.欧洲数学在康熙年间的传播情况——傅圣泽介绍符号数学的失败[A]//数学史研究文集,呼和浩特:内蒙古大学出版社,1990.

[112] 佐藤環,皿田琢司,田中卓也,菱田隆昭.日本の中等教育課程と教育法に関する基礎的研究(第1報):近世藩学における文学教育を中心として[J].常磐大学人間科学部紀要『人間科学』,2005(1).

[113] 新家浪雄.『博物新編』:幕末の自然科学教科書[J].図書,1983(11).

[114] 乾善彦.誰が主役か脇役か:日本語表記における漢字と仮名の機能分担[J].日本語学 増刊　ことばの名脇役たち,2013(4).

[115] 矢田勉.日本語表記の構造概説[C].TUG2013チュートリアルを日本語で聞く会(国立国語研究所講堂)講演録,2014.

[116] 笹原宏之.国字が発生する基盤[C].国語文字史の研究七.東京:和泉書院,2003.

[117] 高城弘一.明治三十三年『小学校令』による仮名の統一と混乱[J].実践女子短期大学紀要,2011(32).

[118] 中村聡.『博物新編』に見る日本の近代科学教育[J].東洋大学中国哲学文学科紀要,2013(21).

[119] 劉岸偉.西学をめぐる中日両国の近世[J].札幌大学教養部紀要,1991(39).

[120] 岡崎正志.『物理階梯』の編者片山淳吉の生涯[J].科学史研究,1985(0xF9C2).

[121] 中村聡,谷本亮,市川直子,渡辺洋司.江戸後期より明治初期に至る科学の進歩と科学教育の研究[J].玉川大学学術研究所紀要,2015(21).

[122] 八耳俊文.幕末明治初期に渡来した自然神学的自然観:ホブソン『博物新編』を中心に[J].青山学院女子短期大学総合文化研究所年報,1996(04).

[123] 矢島祐利.明治初期に於ける物理学の状態[J].科学史研究,1945(09).

[124] 高野繁男.『哲学字彙』の和製漢語:その語基の生成法・造語法[J].人文学研究所報,2004(37).

[125] 陆尔奎,等.辞源[M].北京:商务印书馆,1988.

[126] 松村明,等.新世纪日汉双解大辞典[M].北京:外语教学与研究出版社,2009.

[127] Unicode. Glossary of Unicode Terms: Writing System.[DB/OL].(2017-08-19)[2018-08-15].http://www.unicode.org/glossary/.

[128] ウィキペディア.文字[DB/OL].(2018-05-16)[2018-06-19].https://ja.wikipedia.org/wiki/.

[129] 国立国会図書館デジタルコレクション.古語拾遺[DB/OL].[2018-10-25]. http://dl.ndl.go.jp/.

[130] 忌部正通.神代口訣[DB/OL].[2018-10-29].https://www2.dhii.jp/nijlopendata/searchlist.

[131] 京都大学電子図書館.[曼朱院本]萬葉集.5巻[DB/OL].[2018-10-25].https://m.kulib.kyoto-u.ac.jp/webopac/digview.

[132] 国立国会図書館デジタルコレクション.古事記[DB/OL].[2018-10-25].http://dl.ndl.go.jp/.

后　　记

2010年前后,我的科研工作进入了转折期。那段时间,我不断追问自己:未来研究的切入点在哪里?有没有办法兼顾两者,既可以发挥博士阶段的科技史学习优势,又能获得日语同行们的认可?带着这些问题,我一方面查阅资料、问道先贤达人,一方面反躬自省,在日积月累的知识中寻求答案。记得在南京大学日语系攻读硕士学位的过程中,我曾选修中文系王希杰教授的课程,老先生从修辞的角度分析语言世界与语言环境以及零度、偏离等理论原则,我听得津津有味,每周三个小时的上课时间常常一晃而过,仍觉意犹未尽。得知我来自日语系、中文功底浅薄后,老先生多次面谈指导,并赠书20余本,使我深受鼓舞。后来,又在科技史博士同门王银泉、王鹏飞、何红中等人的启发下,以近代词汇的创生、发展为线索,结合自己的中文学习经验,开始尝试研究农业科技术语的翻译、创制与受容等问题。

2015年,我到日本大阪大学访学,顺便去关西大学拜访了沈国威教授,并听了一个学期的课。在关西大学听课期间,沈老师以近代以来的语言变化、词汇创新为线索,追本溯源、旁征博引,例词信手拈来、措辞幽默诙谐,常使我乐在其中、陶醉忘怀。在沈老师的帮助与指导下,2017年我以"近代科技日语新词创制与汉语借用研究"为题申报了教育部社会科学规划基金项目,并顺利通过。在此基础上,我的研究重点与特色逐渐表现为:以科技领域的日语词汇为线索,探讨"汉语借用"对近代科技日语的造词作用与影响、"汉语型化"的日语造词方式与规律。解释阐明词汇的能产性增殖能力、强规则化表达能力等语言表现形式,分析总结在现代开放社会环境下,日语与汉语系统共生演变的现象及发展趋势,并尝试将研究成果引入课堂教学与人才培养工作中。

自那以后,转眼之间两年将过。感谢一路走来,给予我帮助与指导的前辈与师友们。目前,书稿几经修改,总算告一段落。研究生于博川参与编写了本书的第一章和第五章,任红磊和蒋永超参与了第二章、第六章和第三章、第四章的资料收集

后 记

及编写工作,其他学生也为本书完稿做出了贡献。另外,研究生贾琼、刘伟婷、苏琦惠、王安琪、李可君参与了本书部分章节的校对工作,孙钟仪对书稿进行了全面校对。成春有教授从内容设计到付梓,一直给予指导、支持。在此一并表示感谢。

在本书写作之际,恰逢家父病重、去世,而距家母骤然离世尚不足两年。悲痛之余,常常回忆起小时候一家围坐、其乐融融的场景。感谢他们对我的养育之恩,感谢他们给了我一个温暖的家。谨以此书,献给他们!

作 者

2020年11月